Материалы II международной научно-практической конференции

Актуальные направления фундаментальных и прикладных исследований

10-11 октября 2013 г.

Москва

УДК 4+37+51+53+54+55+57+91+61+159.9+316+62+101+330

ББК 72

ISBN: 978-1493548712

В сборнике представлены материалы докладов II международной научно-практической конференции " Актуальные направления фундаментальных и прикладных исследований "

Все статьи представлены в авторской редакции.

© Авторы научных статей

Содержание
Биологические науки

Исайкина Н.В., Андреева В.Ю., Калинкина Г.И., Коломиец Н.Э., Шерстобоев Е.Ю., Масная Н.В.
ЗНАЧЕНИЕ ХРОМАТОГРАФИЧЕСКОГО АНАЛИЗА В ДИАГНОСТИКЕ ПРИМЕСНЫХ ВИДОВ К МАТЬ-И-МАЧЕХЕ ОБЫКНОВЕННОЙ 1

Пак Л.Н., Бобринев В. П.
ЭФФЕКТИВНЫЙ СПОСОБ ВЕГЕТАТИВНОГО РАЗМНОЖЕНИЯ КЕДРА СИБИРСКОГО В ЗАБАЙКАЛЬЕ 5

Сенотрусова М.М., Соколов Г.А.
НЕКОТОРЫЕ АСПЕКТЫ ЭКОЛОГИИ МЫШИ ПОЛЕВОЙ (*APODEMUS AGRARIUS* PALLAS, 1778) В ХАКАСИИ 10

Куликова М.Г., Сивенкова С.В., Крескиян И.В.
ИННОВАЦИОННЫЕ СИСТЕМЫ ОБЕСПЕЧЕНИЯ БИОЛОГИЧЕСКОЙ ПОЛНОЦЕННОСТИ ПИТЬЕВОЙ ВОДЫ ВЫСШЕЙ КАТЕГОРИИ 13

Ветеринарные науки

Алтухов Б.Н., Сикорский А.А.
ЭФФЕКТИВНОСТЬ ПРИМЕНЕНИЯ МЕТОДОВ ОЗОНОТЕРАПИИ ПРИ ЛЕЧЕНИИ ЭКСПЕРИМЕНТАЛЬНЫХ РАН У КРУПНОГО РОГАТОГО СКОТА 16

Исторические науки

Магомедова З.А.
ПИСЬМА НАИБОВ ДАГЕСТАНА XIX В. (ПО МАТЕРИАЛАМ РУКОПИСНОГО ФОНДА ИИАЭ ДНЦ РАН) 20

Медицинские науки

Вязьмин А.Я., Клюшников О.В., Подкорытов Ю.М.
ПРОБЛЕМЫ БЮГЕЛЬНОГО ПРОТЕЗИРОВАНИЯ 25

Парамонова О.В., Черкесова Е.Г., Бондаренко Е.А., Коренская Е.Г., Левкина М.В., Морозова Т.А.
ИСПОЛЬЗОВАНИЕ ПОКАЗАТЕЛЕЙ АУТОТИРЕОИДНОГО АНТИТЕЛОГЕНЕЗА В ДИАГНОСТИКЕ АУТОИММУННОЙ ПАТОЛОГИИ ЩИТОВИДНОЙ ЖЕЛЕЗЫ 29

Дядюк Т.В., Прокопенко С.В., Можейко Е.Ю.
КАТАМНЕЗ ЭФФЕКТИВНОСТИ ИСПОЛЬЗОВАНИЯ КОМПЬЮТЕРНЫХ СТИМУЛИРУЮЩИХ ПРОГРАММ У БОЛЬНЫХ С КОГНИТИВНЫМИ НАРУШЕНИЯМИ В ОСТРОМ ПЕРИОДЕ ИШЕМИЧЕСКОГО ИНСУЛЬТА 32

Содержание

Жилякова О.В., Захарова И.В., Удут В.В., Агаркова Л.А.
ПРОФИЛАКТИКА АКУШЕРСКИХ ОСЛОЖНЕНИЙ У БЕРЕМЕННЫХ ЖЕНЩИН С ЖЕЛЕЗОДЕФИЦИТНОЙ АНЕМИЕЙ С ПРИМЕНЕНИЕМ МЕКСИДОЛА 36

Педагогические науки

Немченко С.Г.
СИНЕРГЕТИЧЕСКИЕ ОСНОВЫ РЕФЛЕКСИВНОГО УПРАВЛЕНИЯ ОБЩЕОБРАЗОВАТЕЛЬНЫМ УЧЕБНЫМ ЗАВЕДЕНИЕМ 40

Науменко Н.П., Шибаева И.В.
К ВОПРОСУ ОБ ИСПОЛЬЗОВАНИИ УЧЕБНЫХ ПОДКАСТОВ В ПРЕПОДАВАНИИ ФРАНЦУЗСКОГО ЯЗЫКА 47

Назаревская М.П.
ЛАТИНСКИЙ ЯЗЫК В СИСТЕМЕ СОВРЕМЕННОГО ГУМАНИТАРНОГО ОБРАЗОВАНИЯ 50

Козин В.В., Зыков А.В.
СОВРЕМЕННЫЕ ТРЕБОВАНИЯ К ПРОФЕССИОНАЛЬНОЙ ДЕЯТЕЛЬНОСТИ ТРЕНЕРА ПО СПОРТИВНЫМ ИГРАМ 53

Шиховцов Ю.В., Николаева И.В.
АНАЛИЗ ДЛИТЕЛЬНОСТИ ФАЗЫ ПОЛЕТА МЯЧА ПРИ ВЫПОЛНЕНИИ НАПАДАЮЩИХ УДАРОВ В ВОЛЕЙБОЛЕ 56

Николаев П.П., Белова Ю.В.
МОТИВАЦИЯ СТУДЕНТОВ К ЗДОРОВОМУ ОБРАЗУ ЖИЗНИ – СОВРЕМЕННЫЙ ПОДХОД К ОБРАЗОВАТЕЛЬНОМУ ПРОЦЕССУ В ВУЗЕ 60

Мальцева Е.В.
ОСНОВНЫЕ ДЕТЕРМИНАНТЫ РАЗВИТИЯ АУДИОВИЗУАЛЬНОЙ КУЛЬТУРЫ СТУДЕНЧЕСКОЙ МОЛОДЕЖИ В УСЛОВИЯХ КЛУБНОГО ОБЪЕДИНЕНИЯ 64

Политические науки

Морозова Н.М.
ЦЕЛЕВЫЕ ПРОГРАММЫ КАК ЭЛЕМЕНТ РЕАЛИЗАЦИИ НАЦИОНАЛЬНОЙ ПОЛИТИКИ 70

Александрова М.И.
ОБРАЗ КИТАЯ В ОБЩЕСТВЕННОМ СОЗНАНИИ АМЕРИКАНЦЕВ 75

Сельскохозяйственные науки

Коржов С.И., Трофимова Т.А.
МИКРОБИОЛОГИЧЕСКАЯ АКТИВНОСТЬ ПОЧВЫ 79

Содержание

Социологические науки

Богдан Н.Н., Бушуева И.П.
ПРОБЛЕМА ПРОФЕССИОНАЛЬНОГО РАЗВИТИЯ КАДРОВ ГОСУДАРСТВЕННОЙ ГРАЖДАНСКОЙ СЛУЖБЫ В ОТЕЧЕСТВЕННОЙ И ЗАРУБЕЖНОЙ ТЕОРИИ И ПРАКТИКЕ 82

Технические науки

Слесаренко И.Б., Слесаренко И.В.
ОСОБЕННОСТИ МОДЕЛИРОВАНИЯ СОЛНЕЧНЫХ ВОДОНАГРЕВАТЕЛЬНЫХ УСТАНОВОК 92

Черкасова Н.Г., Крылова О.К., Рогов В.А.
СНИЖЕНИЕ ЗАГРЯЗНЕНИЯ АТМОСФЕРНОГО ВОЗДУХА ВЫБРОСАМИ АЛЮМИНИЕВЫХ ЗАВОДОВ ПРИ ВНЕДРЕНИИ ГОРЕЛОЧНОГО УСТРОЙСТВА С ДЕФОРМИРОВАННЫМИ СТЕНКАМИ ДЛЯ ДОЖИГА АНОДНЫХ ГАЗОВ АЛЮМИНИЕВОГО ЭЛЕКТРОЛИЗЕРА.. 95

Cherkasova N.G., Krylova O.C., Rogov V.A.
REDUCE AIR POLLUTION EMISSIONS ALUMINUM PLANT AT INTRODUCTION OF BURNER UNITS WITH DEFORMED WALLS FOR AFTERBURNING ANODE GAS ALUMINUM ELECTROLYTIC CELLS 99

Черкасова Н.Г., Крылова О.К., Рогов В.А.
СНИЖЕНИЕ ЗАГРЯЗНЕНИЯ АТМОСФЕРНОГО ВОЗДУХА ПРИ СТРОИТЕЛЬСТВЕ ПОИСКОВЫХ, РАЗВЕДЫВАТЕЛЬНЫХ И ЭКСПЛУАТАЦИОННЫХ НЕФТЯНЫХ СКВАЖИН........................ 102

Cherkasova N.G., Krylova O.C., Rogov V.A.
REDUCE AIR POLLUTIONDURING CONSTRUCTION OF PROSPECTING, RECONNAISSANCE AND OPERATIONAL OIL WELLS 105

Черноморец А.А., Голощапова В.А., Щербинина Н.В., Болгова Е.В.
ЭФФЕКТИВНОСТЬ МАСШТАБИРОВАНИЯ ИЗОБРАЖЕНИЙ НА ОСНОВЕ СУБПОЛОСНОЙ ИНТЕРПОЛЯЦИИ 108

Гильмутдинов А.Х., Гильметдинов М.М.
ТЕРМИНОЛОГИЯ И УСЛОВНЫЕ ГРАФИЧЕСКИЕ ОБОЗНАЧЕНИЯ RC-ЭЛЕМЕНТОВ С РАСПРЕДЕЛЕННЫМИ ПАРАМЕТРАМИ 111

Гильмутдинов А.Х., Гильметдинов М.М.
ОБОБЩЕННЫЕ УРАВНЕНИЯ n-СЛОЙНОГО ДВУМЕРНОГО НЕОДНОРОДНОГО РЕЗИСТИВНО-ЕМКОСТНОГО ЭЛЕМЕНТА С РАСПРЕДЕЛЕННЫМИ ПАРАМЕТРАМИ 116

Курзанов А.Д., Леонтьев С.В, Шаманов В.А.
ЭКСПЕРИМЕНТАЛЬНЫЕ РАЗРАБОТКИ В ОБЛАСТИ АВТОКЛАВНОГО ГАЗОБЕТОНА................ 119

Билык А.А., Бовкун Г.Ю., Белоус Д.В., Новиков А.А., Глущенко А.И., Панасовская Ю.В., Данилов А.Д.
АНАЛИЗ КОНКУРЕНТОСПОСОБНОСТИ УКРАИНЫ В МЕЖДУНАРОДНЫХ ОТНОШЕНИЯХ 123

Мирюк О.А.
МАГНЕЗИАЛЬНЫЕ КОМПОЗИЦИИ НА ОСНОВЕ ТЕХНОГЕННЫХ МАТЕРИАЛОВ 126

Содержание

Стенин В.А.
КОЭФФИЦИЕНТ ФОРМЫ ОГРАЖДАЮЩИХ КОНСТРУКЦИЙ ЗДАНИЙ 129

Stenin V.A.
THE COEFFICIENT OF THE FORM OF BUILDINGS AND CONSTRUCTIONS 131

Filippov V.N., Sultanova E.A., Mehrdad Hadji Mirarab
METHOD OF WASTEWATER TREATMENT OIL FIELDS 133

Пермяков А.С., Южаков К.Н., Соскин М.И.
ПРИМЕНЕНИЕ УГЛЕРОДНЫХ НАНОСИСТЕМ В ПРОИЗВОДСТВЕ НЕАВТОКЛАВНОГО ГАЗОБЕТОНА 136

Литвинов А.В., Кобзев А.В., Семенов В.Д., Пахмурин Д.О., Учаев В.Н., Хуторной А.Ю.
МИКРОПРОЦЕССОРНАЯ СИСТЕМА УПРАВЛЕНИЯ УСТРОЙСТВА СТАБИЛИЗАЦИИ ТЕМПЕРАТУРЫ ДЛЯ РЕАЛИЗАЦИИ МЕТОДА ЛОКАЛЬНОЙ ГИПЕРТЕРМИИ 139

Физико-математические науки

Смольков Г.Я.
ФУНДАМЕНТАЛЬНЫЙ И ПРИКЛАДНОЙ ХАРАКТЕР СОЛНЕЧНО-ЗЕМНОЙ ФИЗИКИ 143

Филологические науки

Бец М.В.
ИНТЕРНЕТ-КОММЕНТАРИЙ КАК РАЗНОВИДНОСТЬ ПЕРСОНОТЕКСТА 148

Gubanova L.G.
LANGUAGE REPRESENTATION OF THE CONCEPT: CORPUS 151

Шапошник Н.А.
ОППОЗИЦИЯ «СВОЕ-ЧУЖОЕ» В РОМАНЕ М.ДЮРАС «ПЛОТИНА ПРОТИВ ТИХОГО ОКЕАНА» 154

Samarina V.S.
GENDER STUDIES IN LINGUISTICS 157

Философские науки

Alexander Rossinsky, Ekaterina Vorontsova
RUSSIAN SPIRITUALITY OF THE AMERICAN PERIOD IN THE CREATIVITY OF GEORGY FEDOTOV AND CONTEMPORARY PROBLEMS IN RUSSIA 160

Химические науки

Симкин Ю.Я., Епифанцева Н.С.
ВЛИЯНИЕ СОДЕРЖАНИЯ ПОЛИСАХАРИДОВ И ЛИГНИНА УСОХШЕЙ ДРЕВЕСИНЫ НА СВОЙСТВА АКТИВНЫХ УГЛЕЙ 166

Содержание

Экономические науки

Седельников В.М., Реброва Н.П.
ПОЗИЦИОНИРОВАНИЕ КАК СТРАТЕГИЧЕСКИЙ ИНСТРУМЕНТ ТЕРРИТОРИАЛЬНОГО МАРКЕТИНГА 168

Хлыстун Е.Н., Нехаев А.И.
САМООРГАНИЗАЦИИ ТРУДА КАК МЕТОД УПРАВЛЕНИЯ ПЕРСОНАЛОМ МАЛОГО ПРЕДПРИЯТИЯ 171

Плаксина И.А.
ОСОБЕННОСТИ ИННОВАЦИОННОГО РАЗВИТИЯ ВЫСШИХ УЧЕБНЫХ ЗАВЕДЕНИЙ 175

Вишневская Е.В., Климова Т.Б., Зубова И.В.
ВОЗМОЖНОСТИ ПРИМЕНЕНИЯ ГЕОИНФОРМАЦИОННЫХ СИСТЕМ В РАЗВИТИИ РЕКРЕАЦИОННОГО ТУРИЗМА БЕЛГОРОДСКОЙ ОБЛАСТИ 181

Нюренбергер Л.Б.
ПРОБЛЕМЫ РАЗВИТИЯ РЕГИОНАЛЬНЫХ ТУРИСТСКИХ РЕКРЕАЦИОННЫХ КОМПЛЕКСОВ 184

Nazarenko R.V.
CONSIGNMENT REQUIREMENTS CONSIDERATION FOR ECONOMIC ORDER QUANTITY MODEL 187

Шаперенков А.В.
ОСОБЕННОСТИ УЧАСТИЯ БАНКОВ В РАЗВИТИИ ИННОВАЦИОННОГО ПОТЕНЦИАЛА УКРАИНЫ 191

Сизиков А.П.
ИНВАРИАНТ СВЕРТКИ ИЕРАРХИЧЕСКОГО ВЕКТОРНОГО КРИТЕРИЯ 197

Егорова О.Г.
МЕЖРЕГИОНАЛЬНЫЕ РАЗЛИЧИЯ ТРАНСФЕРА ИННОВАЦИЙ В РОССИЙСКОЙ ФЕДЕРАЦИИ 202

Варанкина С.В., Гринь С.В.
МАРКЕТИНГ КАК ФАКТОР ПОВЫШЕНИЯ КОНКУРЕНТОСПОСОБНОСТИ БАНКА 206

Юридические науки

Луцевич А.В.
О НЕКОТОРЫХ ВОПРОСАХ КВАЛИФИКАЦИИ ДЕЯНИЙ, ПРЕДУСМАТРИВАЮЩИХ ОТВЕТСТВЕННОСТЬ ЗА РАСПРОСТРАНЕНИЕ ВРЕДОНОСНЫХ ПРОГРАММ 209

Содержание

Биологические науки

[1]Исайкина Н.В., [1]Андреева В.Ю., [1]Калинкина Г.И., [1]Коломиец Н.Э., [2]Шерстобоев Е.Ю., [2]Масная Н.В.

[1]Исайкина Надежда Валентиновна – старший преподаватель, к.ф.н.
[1]Андреева Валерия Юрьевна – доцент, к.б.н.
[1]Калинкина Галина Ильинична – профессор, д.ф.н.
[1]Коломиец Наталья Эдуардовна – профессор, д.ф.н.
[2]Шерстобоев Евгений Юрьевич – профессор, д.м.н.
[2]Масная Наталья Владимировна – ведущий научный сотрудник, д.м.н.

[1]Государственное бюджетное образовательное учреждение высшего профессионального образования «Сибирский государственный медицинский университет» Министерства здравоохранения Российской Федерации, кафедра фармакогнозии с курсами ботаники и экологии.
[2]Федеральное государственной бюджетное учреждение «Научно-исследовательский институт фармакологии» Сибирского отделения Российской академии медицинских наук

nadezhda.isaykina@gmail.com

ЗНАЧЕНИЕ ХРОМАТОГРАФИЧЕСКОГО АНАЛИЗА В ДИАГНОСТИКЕ ПРИМЕСНЫХ ВИДОВ К МАТЬ-И-МАЧЕХЕ ОБЫКНОВЕННОЙ

Актуальность.
Род мать-и-мачеха – *Tussilago L.* семейства Сложноцветных (*Asteraceae*) включает в себя только один вид – мать-и-мачеха обыкновенная (*Tussilago farfara L.*), встречающийся в Европе, Азии, Северной Африке и Северной Америке [3, 164-166]. В России мать – и – мачеха обыкновенная произрастает почти во всех районах страны, за исключением Крайнего Севера [5, 142-179; 6, 641-642; 7, 104]. В официальной медицине листья мать-и-мачехи используют в качестве отхаркивающего средства [2, 258-259]. В растительных сообществах на территории Российской Федерации вместе с мать-и-мачехой часто встречаются похожие на неё виды рода лопух (*Arctium L.*) и белокопытник (*Petasites Mill.*), ареал и местообитание которых совпадают. Поэтому при заготовке листьев мать-и-мачехи могут быть собраны молодые листья прикорневой розетки лопуха войлочного (*A. tomentosum Mill.*) и большого (*A. lappa L.*); белокопытника ненастоящего (*P. spurius (Retz.) Reichenb.*), холодного (*P. frigidus (L.) Fries*), сияющего (*P. radiatus (J. F. Gmel.)*), гибридного (*P. hybridus L.*) и другие виды [5, 142-179; 6, 641-642; 7, 104].

Нами в 2012 году был разработан проект новой Фармакопейной статьи «Мать-и-мачехи листья» - «Farfarae folia», отвечающий современным требованиям, предъявляемым к нормативной документации на лекарственное растительное сырье. При разработке методик стандартизации листьев мать-и-мачехи было проведено исследование анатомических признаков листьев мать-и-мачехи обыкновенной; лопуха войлочного и л. большого; белокопытника ненастоящего, б. холодного и б. гибридного. В результате исследования было установлено, что принципиальных различий между анатомическими признаками данных видов нет. Существуют небольшие отличия в строении трихом листа. Поэтому установленные нами незначительные анатомические отличия между видами можно использовать для диагностики цельного сырья. В измельченном сырье данные различия найти практически не возможно. Поэтому возникла необходимость в использовании других методов для достоверной диагностики сырья мать-и-мачехи.

По данным литературы и собственных исследований основной группой действующих веществ мать-и-мачехи являются полисахариды (ПС) [1, 23-25; 4, 76-79]. Однако, кроме ПС в листьях мать-и-мачехи накапливаются флавоноиды, качественный состав которых отличается от флавоноидов видов рода лопух и белокопытник [4, 76-79]. Наиболее достоверным методом выявления различий состава флавоноидов является хроматографический анализ.

Цель данной работы состояла в том, чтобы изучить и выбрать оптимальные условия хроматографирования, которые позволят достоверно отличить фенольные соединения листьев мать-и-мачехи от примесных видов.

Материалы и методы исследования.

Для анализа использовали хроматографические пластинки «Merck» марки «Silica gel 60 F_{254}» (Германия) и «Сорбфил» марки ПТСХ-АФ-В-УФ (Россия). Спиртовые извлечение листьев мать-и-мачехи, лопуха войлочного и л. большого; белокопытника ненастоящего, б. холодного и б. гибридного готовили в соотношении сырья и экстрагента 1:40 на 40% спирте этиловом. Растворителем служила система: н-бутанол - кислота уксусная - вода (БУВ). Хроматограммы детектировали в УФ-свете, после проявления 5% раствором алюминия хлорида в 95% этиловом спирте.

Результаты.

Установлено, что наиболее четкое разделение фенольных соединений получено на пластинках «Merck» марки «Silica gel 60 F_{254}» в системе растворителей БУВ (4:1:2).

При детектировании хроматограмм в УФ - свете при длине волны 365 нм, после проявления 5% раствором алюминия хлорида в 95% этиловом спирте, обнаружили основные доминирующие зоны адсорбции:

- лимонно-желтой флюоресценции с $R_f = 0,80\pm0,03$ (мать-и-мачеха обыкновенная);
- голубовато-желтой и синевато-коричневой флюоресценции с $R_f=0,32\pm0,02$ и $R_f=0,75\pm0,01$ (л. войлочный);

- синей и сине-фиолетовой флюоресценции с R_f =0,41±0,02 и R_f=0,80±0,01 (л. большой);
- синей, жёлто-голубой и сине-фиолетовой флюоресценции с R_f=0,27±0,01, R_f =0,80±0,03 и R_f =0,89±0,03 (б. ненастоящий);
- голубовато-желтой, голубой и сине-фиолетовой флюоресценции с R_f=0,30±0,01, R_f =0,80±0,03 и R_f =0,89±0,03 (б. холодный);
- синевато-желтой, желто-голубой и сине-фиолетовой флюоресценции с R_f =0,30±0,01, R_f =0,80±0,03 и R_f =0,89±0,03 (б. гибридный).

При длине волны 365 нм, после проявления 5% раствором алюминия хлорида в 95% этиловом спирте, установлено, что:
- извлечение листьев мать-и-мачехи содержит не менее 6 пятен фенольной природы: 4 – жёлтых, лимонно-желтых и 2 - голубых;
- извлечение л. войлочного имеет не менее 7 пятен фенольной природы: 3 – жёлто-коричневых и жёлтых и 4 – синих, сине-фиолетовых и голубых;
- извлечение л. большого содержит не менее 5 пятен фенольной природы: 2 - жёлтых и 3 – синих, сине-фиолетовых и голубых;
- извлечение б. ненастоящего содержит не менее 10 пятен фенольной природы: 4 – жёлтых, лимонно-желтых и 6 – синих, сине-фиолетовых и голубых;
- извлечение б. холодного содержит не менее 9 пятен фенольной природы: 4 – жёлтых, лимонно-желтых и 5 – синих, сине-фиолетовых и голубых;
- извлечение б. гибридного содержит не менее 9 пятен фенольной природы: 4 – жёлтых, лимонно-желтых и 5 – синих, сине-фиолетовых и голубых.

Пятна с лимонно-желтой флюоресценцией отнесены нами к агликонам флавоноидов; коричневые и темно-коричневые – к гликозидам производным флавона; голубые, синие и сине-фиолетовые – к кумаринам, фенолокислотам, флавоноидам (5-гидроксифлавонам и изофлавоноидам).

Выводы:
1. Хроматографическое исследование позволило выявить достоверные отличия в качественном составе фенольных соединений мать-и-мачехи от видов рода лопух и белокопытник.
2. Для получения наиболее четких результатов предлагаем использовать хроматографические пластинки «Merck» марки «Silica gel 60 F_{254}», детектирование проводить в УФ - свете после проявления 5% раствором алюминия хлорида в 95% этиловом спирте при длине волны 365 нм.

Литература:

1. Беляков К.В. Количественное определение полисахаридов в листьях мать-и-мачехи (Tussilago farfara L.) / К.В. Беляков, Д.М. Попов // Фармация. – 1999. - №1. – С. 23-25.
2. Государственная фармакопея СССР. Вып. 2. Общие методы анализа. Лекарственное растительное сырье / МЗ СССР. – 11-е изд., доп. - М., 1989. – 398 с.
3. Правила сбора и сушки лекарственных растений (сборник инструкций). – М.: Медицина, 1985. – 328 с.
4. Растительные ресурсы СССР: Цветковые растения, их химический состав, использование; Семейство Астровые - Asteraceae. – Л.: Наука, 1985. – 352 с.
5. Флора Сибири. Т. 13: Asteraceae (Compositae) / Сост. И. М. Красноборов, М. Н. Ломоносова, Н.Н. Тупицына и др.: в 14 т. – Новосибирск: Наука. Сиб. предприятие РАН, 1997. – 472 с.
6. Флора СССР. Т. 26: Asteraceae - Compositae / Сост. К. С. Афанасьев, В. П. Бочанцев, И. Т. Васильченко и др., под ред. Б. К. Шишкина и Е. Г. Боброва: В 30 т. – М.-Л.: Академия наук СССР, 1961. – 939 с.
7. Флора СССР. Т. 27: Asteraceae - Compositae / Сост. Е. Г. Бобров, В. П. Бочанцев, М. М. Ильин и др., под ред. Б. К. Шишкина и Е. Г. Боброва: В 30 т. – М.-Л.: Академия наук СССР, 1962. – 653 с.

Пак Л.Н., Бобринев В. П.

Пак Лариса Николаевна, кандидат сельскохозяйственных наук, старший научный сотрудник Института природных ресурсов, экологии и криологии СО РАН

Бобринев Виктор Петрович, старший научный сотрудник, кандидат сельскохозяйственных наук, ведущий научный сотрудник Института природных ресурсов, экологии и криологии СО РАН

ЭФФЕКТИВНЫЙ СПОСОБ ВЕГЕТАТИВНОГО РАЗМНОЖЕНИЯ КЕДРА СИБИРСКОГО В ЗАБАЙКАЛЬЕ

Одной из важнейших задач лесной селекции является разработка вегетативных методов выращивания высокоурожайных саженцев кедра сибирского с обильным ежегодным семеношением, крупными орехами. Вегетативный метод размножения кедра сибирского – воздушными отводками наиболее надежный способ получения генетически однородного посадочного материала с ценными признаками отобранного плюсового дерева по семеношению.

В Забайкальском крае произрастает около 1 млн. га горных кедровников, из которых орехопромысловая зона занимает 570 тыс. га.

Лесорастительные условия в кедровниках очень суровые. Климат резко континентальный: весной (в мае-июне) влажность воздуха опускается до критической отметки для кедра – 40-50%. Устанавливаются большие перепады температур в 20-30°С в течение суток. Наблюдаются поздние весенние заморозки. Несовершенный способ сбора орех и неудовлетворительное лесовосстановление старых кедровников, гарей снижает урожай кедровых орех.

Использование в этом регионе существующих способов вегетативного размножения кедра сибирского черенками имеет низкую приживаемость из-за сухого климата.

Цель исследований состояла в разработке способа вегетативного размножения кедра сибирского воздушными отводками для закладки лесосеменных и орехопромысловых плантаций.

Заготовку черенков и размножение воздушными отводками кедра сибирского проводили на плюсовых деревьях, заложенных в культурах в Хилокском лесничестве, а выращивали саженцы в Хилокском и Читинском питомниках.

Было испытано два способа вегетативного размножения кедра сибирского: с отделением от дерева черенков и посадкой их в теплице и без отделения черенков от дерева – размножение на дереве воздушными отводками с последующим доращиванием в теплице.

Заготовку черенков и размножение воздушными отводками проводили 20-30 апреля, 10,20 мая в верхней, средней, нижней частях плюсового дерева.

Черенки для укоренения заготавливали длиной 8-9 см. перед посадкой в грунт срезы черенков подновляли под водой, оставляя длиной 6-7 см. обрабатывали корневином и проводили посадку в приготовленные грядки в теплице. За двое суток грунт в теплице на грядках обрабатывали 0,5% раствором марганцево-кислого калия. Черенки высаживали на глубину 2,5-3.0 см путем вдавливания в приготовленный грунт с расстоянием между рядами 15 см, в ряду – 10 см.

Размножением воздушными отводками на плюсовых деревьях проводили следующим образом. Для упаковки побега на дереве использовали торфяные пластины 10 см, шириной 6 см, толщиной 3 см. пластины проваривали в кипятке в течение 2 часов. В апреле, мае через 10 дней в трех частях кроны плюсового дерева готовили побеги для воздушных отводок. Для этого оставляли верх побега с почкой и хвоей длиной 7-8 см. далее на расстоянии 12-13 см удаляли хвою и получали голый побег. В конце побега делали кольцевание и перетяжку. В первом варианте в конце побега делали два круговых надреза коры до древесины на расстоянии 1 см друг от друга и снимали вырезанное кольцо. Это место смазывали пастой из ланолина и гетероауксина (100 г ланолина + 1,0 г гетероауксина). Во втором варианте в конце побега делали перетяжку коры проволокой в два витка. Возле перетяжки и кольцевания делали на коре два продольных надреза лезвием длиной до 2 см. Торфяные пластины, смоченные в земляной болтушке (смесь воды и микоризной земли из-под кедровников), накладывали на оголенную часть побега так, чтобы она была закрыта вместе с перетяжкой и кольцеванием. Пластины скрепляли шпагатом в середине и по краям, отступив от них по 2 см. Сверху пластины обматывали пищевой полиэтиленовой пленкой в три слоя. Края пленки обвязывали на побеге шпагатом. Таким образом, получался пакет. По мере испарения влаги в торфяные пластинки через полиэтиленовую пленку шприцом вводили кипяченую воду. Побег с пакетом наклонялся вниз. Для получения больше влаги на месте перетяжки и кольцевания необходимой на образование корней верх побега подвязывали к верхним веткам дерева.

Через 20, 30 и 40 дней пакеты срезали на 2 см ниже шпагата и определяли зачатки роста корней. У срезанных пакетов снимали пленку. Пакет с саженцами замачивали в земляной болтушке и высаживали в грунт глубиной до первых хвоинок (10-12 см). Таким образом, определяли оптимальные сроки образования корней в пакете. В первый год саженцы выращивали в теплице. Пленку натягивали в середине апреля, а снимали - в начале августа. Под пленкой поддерживали влажность воздуха в пределах 80-90%, температуру воздуха - 27-30°С. Посадку черенковых саженцев в грядки проводили по схеме 30-30-30-70 см. Сверху посадки мульчировали смесью из микоризной земли из-под кедровников и сфагнового мха (1:1) толщиной до 1 см. Саженцы поливали установкой типа «Туман». Однолетние воздушные отводки из теплицы доращивали 2-3 года в питомнике до высоты 25-30 см.

Почву в теплице и на питомнике готовили в течение года по системе черного пара. В период парования в почву вносили торфоминеральный компост 80 т/га, азот 80 кг/га, фосфор 120 кг/га, калий 40 кг/га (по действующему веществу). В результате к посадке черенковых саженцев почва имела гумуса около 5% и среднее содержание азота, фосфора и калия. На второй и третий год выращивания почву под посадками удобряли в три срока: весной N-60 кг/га, летом (июнь) P-100 кг/га, осенью (август) P-60, K-40 кг/га (по действующему веществу).

Ежегодно за посадками проводили агротехнические уходы. Осенью во второй декаде октября, когда наступали устойчивые заморозки, однолетние саженцы в теплице закрывали опилками на 5-6 см выше верхушечной почки для защиты от весенний повреждений (заморозков и иссушения). На второй год весной, когда почва под посадками оттаивала на глубину 15-20 см, опилки снимали. В последующие годы саженцы не укрывали при проведении влагозарядковых поливов в конце сентября из расчета 150-200 м^3/га.

Приживаемость однолетних черенков и воздушных отводок в теплице приведена в таблице 1. Исследования показали, что приживаемость черенковых саженцев и воздушных отводок кедра сибирского зависит от места заготовки черенков в кроне плюсового дерева. Наилучшая приживаемость более 23 % наблюдается у черенков, заготовленных в верхней части кроны, а у воздушных отводок в средней части кроны – более 88%. На приживаемость влияют сроки заготовки черенков. Оптимальным сроком заготовки черенков и размещения воздушных отводок является ранняя весна до начала сокодвижения (конец апреля – середина мая). У черенков заготовленных в конце мая приживаемость составляет 3-5 %. У воздушных отводках на приживаемость влияет продолжительность образования корней в пакете. Исследования показали, что через 20 дней корешки в торфяном пакете достигают длины 1 см, а к 30 дням – 1,5-2,5 см, к 40 дням – 4-5 см. Длинные корешки вырастают из пакета и при посадке обламываются, тем самым снижается приживаемость. Оптимальным сроком содержания побегов в воздушных отводках 20-25 дней. Выросшие корешки даже в пакете очень нежные и хрупкие, обращаться с ними при посадке нужно осторожно.

Перетяжка коры побегов проволокой и кольцевание положительно влияют на приживаемость воздушных отводок, по сравнению с контролем. При перетяжке и кольцевание прерывается отток ростовых пластических веществ к корням дерева, образующие в хвое вещества в результате фотосинтеза направляются на образование будущих корней у воздушных отводок. Выше перетяжки и кольцевания накапливаются ростовые вещества, где начинают расти корни, а сама ветвь получает питательные вещества и воду от корней плюсового дерева по древесине. Хорошо приживаются воздушные отводки, на коре которых сделаны продольные надрезы лезвием. Продольные надрезы на кореспособствуют лучшему проникновению воды из торфяного пакета, поэтому быстрее образуются зародыши корней. Для ускорения укоренения и повышения приживаемости воздушных отводок в качестве стимулятора хорошо использовать земляную болтушку, приготовленную на растворе 0,01 % корневина с добавлением микоризной земли из-под кедровых насаждений.

Мульчирование сфагновым мхом снижает загнивание саженцев при высокой влажности воздуха в теплице, а добавление микоризной земли из-под кедровых насаждений ускоряет укоренение и рост воздушных отводков.

Воздушные отводки хорошо растут в высоту и обгоняют в росте черенковые саженцы в 2 раза. В первый год прирост черенков составлял 8-10 см. В три года высота воздушных отводков в питомнике достигает 25-30 см, что достаточно для посадки на лесосеменных и орехопромысловых плантациях. У трехлетних саженцев вокруг торфяного пакета при воздушных отводках образуется хорошая мочковатая система, поэтому выкапывать и высаживать их лучше с комом земли размером $20 \times 20 \times 20$ см.

В горных кедровниках Забайкальского края лучшим способом вегетативного размножения высокоурожайных с крупными орехами саженцев кедра сибирского являются воздушные отводки на плюсовых деревьях, отобранных по семеношению в лесных культурах. Оптимальным сроком проведения воздушных отводок с использованием торфяных пластинок и микоризной земли является начало сокодвижения. Вегетативное размножение кедра другими способами в горных кедровниках оказалось неприемлимым.

Разработанный способ вегетативного размножения высокоурожайных саженцев кедра сибирского воздушными отводками на плюсовых деревьях позволяет полностью сохранить ценные признаки отобранного плюсового дерева и ускорить создание высокоурожайных с крупными орехами лесосеменных и орехопродуктивных плантаций в Забайкальском крае. Семеношение в этих плантациях начинается на 10-15 лет раньше, чем на плантациях, созданных саженцами, выращенными из семян. Способ размножения кедра сибирского воздушными отводками можно использовать и в других регионах Сибири.

Таблица 1.
Влияние различных вариантов агротехники на приживаемость черенков и воздушных отводков кедра сибирского

Варианты	Приживаемость черенков и воздушных отводков, %	
	Воздушные отводки	Черенки
	M ± m	
1. Положение черенка в кроне:		
верхняя часть	61,3 ± 2,2	23,4 ± 0,7
средняя часть	88,6 ± 3,0	17,3 ± 0,6
нижняя часть	46,1 ± 1,4	5,6 ± 0,1
2. Дата заготовки и посадки черенка:		
20 апреля	87,2 ± 3,1	24,2 ± 0,7
30 апреля	89,0 ± 3,1	29,0 ± 0,8
10 мая	91,7 ± 3,2	31,7 ± 0,8
20 мая	80,4 ± 3,0	4,8 ± 0,4
30 мая	49,5 ± 2,4	2,4 ± 0,1
3. Продолжительность укоренения черенков на дереве (в воздушных отводках):		
20 дней	88,9 ± 3,2	-
30 дней	80,6 ± 3,4	-
40 дней	43,3 ± 1,3	-
4. Перетяжки побега (в воздушных отводках):		
проволокой	87,6 ± 3,3	-
срезанием кольца коры	85,2 ± 3,2	-
контроль	56,8 ± 2,3	-
5. Продольные надрезы на коре:		
с проведением надрезов	89,8 ± 2,9	-
без проведения надрезов	41,7 ± 1,7	-
6. Использование микоризной земли из-под кедровых насаждений:		
земляная болтушка	84,5 ± 3,1	-
с добавлением корневина	89,4 ± 3,5	-
контроль	51,6 ± 3,0	-

Сенотрусова М.М., Соколов Г.А.

кандидат биологических наук, Сибирский федеральный
университет, Красноярск
senotrusova@mail.ru
профессор, доктор биологических наук, Сибирский федеральный
университет, Красноярск

НЕКОТОРЫЕ АСПЕКТЫ ЭКОЛОГИИ МЫШИ ПОЛЕВОЙ (*APODEMUS AGRARIUS* PALLAS, 1778) В ХАКАСИИ

Мышь полевая (*Apodemus agrarius* Pallas, 1778) широкораспространённый вид, населяющий Европу, Северный и Восточный Казахстан, юг Западной Сибири до Байкала [1, 134]. Ареал вида в Сибири в основном занимает таёжную, лесостепную, частично степную зоны [2, 142]. Распространение мыши полевой повсеместно приурочено к агроландшафтам. Всюду избегает сплошных лесных насаждений, придерживаясь кустарниковых и открытых биотопов [3, 284]

В исследованиях применены стандартные зоологические методики по отлову и учету численности мелких грызунов, анализу содержимого желудков, репродуктивного процесса и сбора эктопаразитов.

За последнее десятилетие имеется многочисленный материал по распространению мыши полевой в Хакасии. Вид широко распространен в степной зоне (Ширинская и Койбальская степи), охотно заселяет искусственные лесные полосы [4, 94; 5, 166].

Исследования в период 2000 – 2010 гг. показали на широкое биотопическое размещение вида в пределах Хакасии. В разнотравно-злаковой, волоснецово-солонцеватой и полынной ассоциациях Ширинской степи этот вид постоянно входил в состав сообществ мелких млекопитающих. В Ширинской и Койбальской степях Хакасии вид отлавливался во все периоды исследований в искусственных защитных лесонасаждениях.

Нами проанализирован большой фактический материал по участию мыши полевой в сообществах мелких млекопитающих. В Ширинской степи участие мыши полевой в сообществах практически стабильно за все периоды исследований и её доля в сообществах мелких млекопитающих варьирует в разных местообитаниях от 35 до 57%. В сообществах мелких млекопитающих в лесополосах Койбальской степи приходится от 40 до 80%. В открытой степи вне насаждений мышь полевая зарегистрирована единично в один из периодов исследований.

Экологически полевая мышь связана с открытыми пространствами, используемыми в сельскохозяйственных целях. На протяжении всего ареала основным предпочитаемым кормом выступают зёрна и семена культурных растений, которые в отдельные периоды могут составлять в рационе зверьков до 90 %. В раннелетний период значительна доля зелёных растений и насекомых [2, 145]. Обитая на открытых пространствах, эта мышь очень требовательна к содержанию воды в корме, что обусловливает её приуроченность к окраинам полей, занятых, как правило, сочной разнотравной растительностью. В зимний период в условиях лесостепного пояса полевые мыши концентрируются в зарослях кустарников по понижениям рельефа, в поймах рек и озёр, где находят оптимальные условия для зимовки. Эти особенности характеризуют ксеро-мезофитный экологический облик вида.

В питании мыши полевой из Ширинской и Койбальской степей присутствовали достаточно разнообразные виды кормов (количество просмотренных желудков n= 649).

В желудках мышей, населяющих лесополосы с облепихой (особенно при обильном урожае в 2003 и 2004 гг.), были обнаружены ягоды этого кустарника, занимавшие около 30 % от потребляемого корма. Основную массу в желудках (50 – 60%) составляла буро-зелёная масса семян злаковых, караганы, полыней и вегетативные части травянистых растений, в некоторых случаях обнаружено присутствие беспозвоночных.

Таким образом, по нашим данным, аналогично и литературным источникам в питании мыши полевой отмечена сезонная смена кормов.

Весной в питании мышей преобладают вегетативные части растений (зелёная масса) – 74,3 %. В августе – сентябре соотношение потребляемого корма изменяется, в значительном количестве обнаружена буро-зеленая масса, состоящая из смеси зелени и семян (семена темные, бурые, светлые), так же значительную долю (27%) в желудках мышей составляют злаки с сельскохозяйственных полей (пшеница, овес, ячмень и др.). Ягоды облепихи, которые во второй половине августа уже вызревают, так же присутствуют в желудках мышей (до 12% от общего количества), особенно в тех местах, где лесополосы имеют в подлеске облепиху крушиновидную. Белая масса в просмотренных желудках мышей, это семена диких растений, которые так же в августе уже созрели, скорее всего, это семена полыней, тонконога, овсяницы овечьей, и всей той растительности, которая присутствует в исследуемых биотопах, ее доля составила до 12,1%. Присутствие беспозвоночных в желудках мыши полевой в весенний период выше 8,4%, а в августе – сентябре составило до 3,2%.

Размножение полевой мыши (в целом для степей и лесополос Хакасии) начинается в середине апреля. В конце апреля самки имеют уже достаточно развитых эмбрионов. Заканчивается репродуктивный период в середине сентября. Беременные самки в большом количестве отмечаются в конце августа. У самцов взбухшие семенники начинают фиксироваться также в начале апреля и сохраняются до конца августа. Число эмбрионов (n=83) колеблется от 5 до 10, в среднем 7,2. Различий в данном показателе для Ширинской (n=43) и Койбальской (n=40) степей нет.

По усредненным за несколько лет данным о численности можно констатировать, что соотношение самок и самцов в популяции 1:1,3 с преобладанием самцов. Полагаем, это связано с тем, что самцы более активны в период репродуктивного цикла, и чаще попадают в ловушки, а часть самок менее активна, у многих в это время период лактации и их участок передвижения гораздо меньше.

Мышь полевая в силу своего широкого распространения и большой подвижности является важным прокормителем и разносчиком личинок и нимф иксодовых клещей.

На территории Хакасии на мыши полевой зарегистрированы 14 видов эктопаразитов: блохи (Siphonaptera), вши (Anoplura), гамазовые клещи (Gamassina).

Нами зарегистрировано 4 вида блох: *Ct. congnogeroides* Wagn., 1939, *Frontopsylla elata elata* J. et R., 1920, *Megabothris calcarifer* Wagn., 1913, *Neopsylla acanthina* I. et T., 1923, один вид вшей: *Hoplopleura acanthopus* Burm., 1839. Гамазовые клещи представлены: *Haemogamasus ambulans* Thorell., 1872, *H. liponyssoides* Ewing., 1925, *H. mandschuricus* Vit., 1930, *H. isabellinus* Oudms., 1913, *Androlaelaps glasgowi* Ewing., 1925, *E. stabularis* C. lL. Koch, 1836, *Laelaps clethrionomydis* Lange, 1955, *L. hilaris* C. L. Koch., 1836, *L. pavlovskyi* Zachv., 1948.

Анализ видового состава эктопаразитов мыши полевой позволяет сказать о том, что на территории Хакасии вполне возможно распространение как клещевых, так и бактериальных инфекций, а в эпидемиологическом и эпизоотологическом отношении этот вид представляет реальную опасность.

Литература

1. Павлинов И.Я. Краткий определитель наземных зверей России. - М., 2002. – С. 134.

2. Юдин Б.С., Галкина Л.И., Потапкина А.Ф. Млекопитающие Алтае-Саянской горной страны. Новосибирск, 1979. 296 с

3. Громов И.М., Ербаева М.А. Млекопитающие фауны России и сопредельных территорий. Зайцеобразные и грызуны. СПб.: Наука, 1995. 320 с.

4. Сенотрусова М.М. Формирование фаунистических комплексов мелких млекопитающих в лесополосах Северной Хакасии // Териологические исследования. Спб.: Изд-во Зоол. ин-та, 2002. С. 91 – 97.

5. Сенотрусова М.М., Соколов Г.А. Сообщества мелких млекопитающих (Micromammalia) лесополос и Ширинских степей // Научные труды заповедника Хакасский. Абакан, 2005. Вып. 3. С. 154 – 173.

Куликова М.Г.
к.т.н., доц.
Сивенкова С.В.
Крескиян И.В.
«Национальный исследовательский университет «МЭИ», г. Смоленск

ИННОВАЦИОННЫЕ СИСТЕМЫ ОБЕСПЕЧЕНИЯ БИОЛОГИЧЕСКОЙ ПОЛНОЦЕННОСТИ ПИТЬЕВОЙ ВОДЫ ВЫСШЕЙ КАТЕГОРИИ

Питьевая вода предназначена для неограниченного ежедневного и безопасного потребления человеком. В отличие от воды первой категории требования к воде высшей категории качества не ограничиваются только безопасностью. При сохранении всех критериев для воды первой категории питьевая вода высшего качества должна соответствовать также критерию физиологической полноценности по содержанию основных биологически необходимых макро - и микроэлементов и более жестким требованиям по органолептическим и санитарно-токсикологическим показателям.

Питьевая вода высшей категории качества по биологической полноценности должна отвечать следующим нормативам: общая минерализация воды 200-500 мг/л, жесткость - 1,5-7 мг-экв/л, кальций - 25-80 мг/л, магний - 5-50 мг/л, калий-2-20 мг/л, фторид-ион-0,6-1,2 мг/л, йодид-ион-40-60 мг/л. [1]

При применении современных методов очистки питьевой воды можно получить воду, не содержащую практически никаких примесей. Однако такая вода не будет полноценной, т.к. её чистота не является единственным критерием её полноценности. В равной степени важно, чтобы вода высшей категории содержала жизненно важные макро- и микроэлементы, необходимые для нормального функционирования организма.

Так, например, при обработке воды обратным осмосом удаляются практически все примеси, существующие в природе, в том числе и полезные минералы и микроэлементы, т.к. существенным недостатком данного метода является отсутствие селективности. В тоже время подобный метод очистки воды считается эффективным в применении как российскими, так и многими ведущими мировыми организациями. Специфическим недостатком всех обратноосмотических схем получения питьевой воды, является распространенное у потребителей убеждение в низкой физиологической ценности такой воды, по сравнению с «живой» водой, полученной, например, ионообменным методом. Причем данное убеждение не является безосновательным, т.к. при обратном осмосе вода подвергается глубокой деминерализации, которая приводит к дефициту микроэлементов, кальция, калия, фтора, йода.

Также одним из способов получения обессоленной воды является дистилляция - испарением с последующей конденсацией.

Главными достоинствами метода являются:
- минимальные количество реагентов и сброс солей в окружающую среду;
- высокое качество воды по взвесям;
- возможность получения отходов минимального объема, вплоть до сухих солей;
- возможность использования избыточного тепла;
- удаление из воды растворенных газов;
- минимальные требования к предварительной водоподготовке.

Однако полученная таким способом вода лишена солей, совершенно не содержит микроэлементов, поэтому дистиллированная вода является в сознании большинства потребителей «мертвой», вымывающей из организма соли и обладающей другими вредными эффектами.

Обессоливание воды также производят методом ионного обмена. Это наиболее отработанный и надежный метод. Глубокое обессоливание приводит к удалению всех макро- и микроэлементы, т.е. солей и примесей. Степень очистки раствора по каждому макроэлементу (аниону и катиону) зависит от их сродства к данному иониту, т.е. от расположения в рядах селективности. Подбирая иониты, количество ступеней очистки и степень их регенерации, добиваются требуемой глубины очистки воды практически любого исходного состава.

Более глубокое извлечение анионов может протекать только на сильноосновных анионитах. Высокая степень очистки воды достигается в фильтре смешанного действия, т.е. в аппарате со смесью катионита в Н-форме и анионита в ОН - форме. В данном случае из воды за один проход через слой смеси ионитов извлекаются все находящиеся в растворе ионы. Очищенный раствор имеет нейтральное рН и низкое солесодержание, примерно в 5-10 раз ниже, чем на одной ступени ионного обмена.

Вследствие сложности операции разделения смеси ионитов и их регенерации такие аппараты используются в основном для очистки малосоленых вод, для глубокой доочистки воды, обессоленной на раздельных слоях ионитов или с помощью обратного осмоса. То есть в тех случаях, где никакие другие способы не могут обеспечить заданное качество. Недостатком такой системы является изменение вкусовых качеств воды. Как показали маркетинговые исследования, большое количество потребителей при выборе между отсутствием накипи в чайнике и солоноватым вкусом воды предпочитают более жесткую воду «традиционного вкуса».

Электродиализ - один из электрохимических методов очистки воды, в основе которого перенос ионов через мембрану под действием электрического поля, приложенного к мембране.

Движущей силой электродиализа является градиент электрического потенциала. Под действием электрического поля катионы перемещаются по направлению к отрицательному электроду (катоду). Анионы движутся по направлению к положительно заряженному электроду (аноду). Таким образом, общий результат процесса - это увеличение концентрации ионов в чередующихся камерах при одновременном уменьшении их концентрации в других камерах. На электродах протекает процесс электролиза.

По сравнению с обратным осмосом, электродиализный способ имеет ряд преимуществ: несколько менее жесткие требования к исходной воде; существенно лучший выход диализата — 80-85% при 65-70% у обратного осмоса; устойчивость систем электродиализа к остаточному хлору, который может появляться в системе на этапе предподготовки; как правило, мембраны электродиализных систем могут промываться дешевыми реагентам типа каустической соды, в то время как обратноосмотические мембраны требуют использования специальных моющих средств; электродиализные аппараты относительно легко чистятся, в то время, как рулонные элементы обратноосмотических установок этого не допускают; срок службы мембран электродиализных аппаратов, как правило, выше.

Такой метод обработки воды позволяет удалять из неё вредные вещества, тогда как важные для здоровья человека ионы (магний, натрий, кальций, калий, микроэлементы) сохраняются в воде после электрохимической обработки.

Для обеспечения биологической полноценности при производстве питьевой воды, особенно воды высшей категории качества, в схемах с дистилляцией и обратным осмосом необходимо дополнительно проводить кондиционирование, т.е. вводить специально подготовленные ионы кальция, калия, магния, фторидов, йодид - ионов. В противном случае при недостатке, например, магния и кальция возможно развитие ряда хронических заболеваний (кариес, остеопороз, рахит и др.). При любом способе обессоливания, недопустимо получение воды, полностью лишенной каких-либо примесей, в том числе важных макро- и микроэлементов, необходимых для нормального функционирования организма. Производители должны стремиться получать биологически полноценную питьевую воду, высшей категории качества.

Литература

1. Приложение 9.1 к Разделу 9 Главы II Единых санитарно-эпидемиологических и гигиенических требований к товарам, подлежащим санитарно-эпидемиологическому надзору (контролю) «Критерии качества и безопасности воды, расфасованной в емкости».

Алтухов Б.Н.
кандидат ветеринарных наук, доцент кафедры анатомии и хирургии Воронежского ВГАУ им. Императора Петра I
Сикорский А.А.
аспирант кафедры анатомии и хирургии Воронежского ВГАУ им. Императора Петра I

ЭФФЕКТИВНОСТЬ ПРИМЕНЕНИЯ МЕТОДОВ ОЗОНОТЕРАПИИ ПРИ ЛЕЧЕНИИ ЭКСПЕРИМЕНТАЛЬНЫХ РАН У КРУПНОГО РОГАТОГО СКОТА

Как в ветеринарной, так и в гуманитарной хирургии гнойные осложнения составляют 30-35% всех хирургических заболеваний [1,125].

За многовековой период развития учения о ранах предложено большое количество способов их лечения. Однако, мало наличие одного, пусть даже идеального антимикробного средства. Успех лечебных и профилактических мероприятий определяется реактивностью организма, его адаптивным потенциалом [2,37].

В связи с этим наше внимание привлек метод озонотерапии. Озон оказывает выраженное антимикробное действие по отношению к антибиотикоустойчивым штаммам микроорганизмов [3,12].

Экспериментально-клинические исследования проведены на 40 телочках, симментальской породы, подобранных по принципу парных аналогов: возраст животных-4-5 месяцев, масса тела от 150 до 200 кг. Животных разделили на 4 группы по 10 в каждой.

В лечении 1 группы (опытная) животных была использована следующая методика: ежедневные двукратные аппликации озонированным растительным маслом (ОРМ) и подкожные инъекции озонированного физиологического раствора (ОФР) (концентрация озона зависела от фазы раневого процесса) вокруг кожного дефекта. Лечение продолжалось до полной эпителизации раны.

Инфицированные раны животных 2 группы (опытная) лечили с использованием ОРМ. На протяжении всего периода заживления ран применяли двукратные ежедневные аппликации.

Лечение животных 3 группы проводили с использованием только ОФР. Применяли ежедневное двукратное орошение поверхности раны (концентрация в растворе озона зависела от фазы раневого процесса).

Гнойные раны животных 4 группы (положительный контроль) лечили общепринятыми в хирургии методами с ежедневным двукратным применением мази "Левомиколь"

Животным всех серий опытов в области заостной части лопатки наносили стереотипные раневые дефекты площадью 400мм². Фасции и мышцы рассекали на глубину до 3см. После чего рану инфицировали 2мл суточной взвеси культуры патогенного стафилококка. Через 48 часов в ране развивались признаки острого гнойного воспаления.

Заживление ран проходило по вторичному натяжению без наложения сближающих швов. В процессе лечения травмированных животных измерение площади ран проводили по общепринятым методикам (в первый день лечения, затем на 5, 10, 15, 20 сутки)

Цитологическая диагностика раневого процесса включала изучения характера микрофлоры, наличие и видовой состав лейкоцитов, гистиоцитов, клеток соединительной ткани, анализа процессов эпителизации и фагоцитоза.

Анализ цитограмм проводили по общепринятым методикам.

Как показали наши исследования, динамика структурно-функциональных изменений в ходе раневого процесса у животных сравниваемых групп по степени выраженности была различной.

У животных контрольной группы на 5й день после травмы по краям раны располагался коричневый, непрочный струп. Края и дно раны отечны. Болезненность слабо выражена с небольшим повышением местной температуры, а в центре раны, под струпом отмечался густой гной. Дно раны покрыто гнойно-некротической массой. Встречались единичные грануляции. Полное заживление ран наступало через 23-24 дня.

У телочек 1-й и 2-й группы визуально течение раневого процесса было более благоприятным. Быстро формировался прочный, темно-коричневый струп. Явления воспаления начинали стихать через 5 дней, появились качественные, красновато-розовые грануляции. Полное заживление ран наступало на 18-20 день.

Течение раневого процесса у животных 3-й группы было тоже благоприятным. К 5-6 дню лечения наблюдали очищение ран от гнойно-некротических масс, развитие качественных грануляций. Однако процесс эпителизации ран развивался значительно медленнее, чем у животных 1,2 и 4 групп. Худшие показатели от применения только ОФР по нашему мнению связаны со значительно меньшим временем контакта с раневой поверхностью, в сравнении с ОРМ и мазью "Левомиколь". На результат лечения большое влияние оказывает и концентрация озона, которая в растворах быстро снижается.

Применение аппликаций ОРМ в комплексе с подкожным введением ОФР было эффективней других методов лечения. Такое лечение ускоряет репаративные процессы в травмированных тканях и тем самым позволяет на 4 дня быстрее относительно традиционной терапии раневого процесса восстановить утраченную тканью функцию. При этом формируется тонкий подвижный рубец. Об этом свидетельствуют полученные нами данные по интенсивности репаративных процессов тканей подопытных животных.

Так, уже к 10 дню лечения площадь раневой поверхности у животных 1-й группы уменьшилась на 150 мм², тогда как у 2-й группы на 116 мм², 3-й группы на 54 мм², а 4-й группы на 94 мм².

У некоторых контрольных животных через 21 день происходила полная эпителизация раневой поверхности. Однако у большинства животных центральная область дефекта еще оставалась непокрытой молодым эпителием и обычно содержала фрагменты струпа. В этот же период у животных 1-й и 2-й групп раневой дефект полностью покрыт новообразованным эпителием.

Проводимые нами цитологические исследования ран, дали следующие результаты. У животных 1-й, 2-й и 3-й групп течение раневого процесса протекало по воспалительному (первая фаза) и регенераторному (вторая фаза) типам согласно цитограммы. В соскобах с раны присутствовало 80% нейтрофилов средней степени сохранности, остальная часть клеток была представлена лимфоцитами, моноцитами, макрофагами и полибластами. Количество микрофлоры незначительное (единичные колонии микробов). У животных 1-й группы уже к 4-5 дню микробов не обнаружено. У животных 2-й и 3-й группы на 4-5 день лечения наблюдали единичные колонии микробов, а к 6 дню микробы не выявили.

Цитограммы ран контрольных животных показали, что первая фаза раневого процесса протекала по дегенеративно-воспалительному типу, а вторая фаза по воспалительно-регенераторному. В препаратах содержалось большое количество нейтрофилов в состоянии деструкции. К 6 дню наблюдений в препаратах отмечалось умеренное количество микробов в большинстве полей зрения (++). Отсутствие микробов в ранах было отмечено лишь к 11-13 дню лечения.

Все это указывает на то, что течение раневого процесса у животных опытных групп относительно животных 4 группы (контроль) было более благоприятным и способствовало быстрому закрытию дефекта.

Анализ клинического состояния телочек контрольной и опытных групп указывает на то, что существенных различий в показателях температуры тела, частоты пульса и дыхательных движений нами не отмечено.

Сопоставляя результаты исследований динамики заживления кожно-мышечных инфицированных ран у животных опытных и контрольной групп, следует указать на значительные отличия в ходе раневого процесса, в зависимости от метода лечения.

По нашим данным из всех испытанных методов лечения гнойных ран наиболее эффективным оказалось применение комбинации аппликаций ОРМ с подкожным введением ОФР. В результате такого лечения уже на 15 день терапии средняя площадь ран опытных животных составила 133 мм². К 20 дню наблюдений у телят 1-й группы полностью закончился процесс эпителизации. Тогда как у животных контрольной группы, где применялась мазь "Левомиколь", полная эпителизация наступала лишь на 24-й день лечения. Таким образом, применение предлагаемой методики озонотерапии позволяет сократить процесс заживления инфицированных гнойных ран на 4 дня.

Использование только ОРМ в лечении гнойных ран у телят позволяет также обеспечить полное заживление ран на 19-20-й день.

Таким образом, результаты проведенных исследований позволяют заметить, что применение ОФР и ОРМ является эффективным и перспективным в лечении ран у крупного рогатого скота.

Список использованной литературы

1. Веремей Э.И. Общая хирургия ветеринарной медицины : Учебник для студентов с.-х.вузов по специальности "Ветеринарная медицина" / Под ред. Э.И.Веремея, В.А.Лукьяновского .- Минск : Ураджай, 2000 .- 526с.
2. Виденин В.Н. Послеоперационные гнойно-воспалительные осложнения у животных: Профилактика и лечение:Учеб.пособие для студентов вузов по специальности "Ветеринария" / В.Н. Виденин .- СПб. : Лань, 2000 .- 160с.
3. Булынин В.И. Лечение ран: Учеб. пособие.-В.И. Булынин, А.А. Глухов, И.П. Мошуров.-Воронеж: ВГУ,1998.-248с.

Исторические науки

Магомедова З.А.
к.и.н., м.н.с. Отдела востоковедения ИИАЭ ДНЦ РАН

ПИСЬМА НАИБОВ ДАГЕСТАНА XIX В. (ПО МАТЕРИАЛАМ РУКОПИСНОГО ФОНДА ИИАЭ ДНЦ РАН)

Дагестан является крупнейшим очагом богатейших культурных традиций, которые уходят своими корнями в глубокую древность. Усиление влияния ислама и проникновение его во все сферы жизнедеятельности дагестанского общества обусловили широкое распространение и развитие системы мусульманского образования в Дагестане. Арабский язык являлся языком переписки, науки и литературы, более того, он лег в основу письменности дагестанских народов, на нём составлялись договоры и писались письма [1,98].

Как отметил академик И.Ю. Крачковский, «…источники появлялись не со стороны, а возникали в той самой среде, которой были посвящены и для которой арабский язык часто был основным литературным языком…Своеобразную группу среди них составляют письма»[2,157].

Коллекция арабоязычных документов Рукописного Фонда Института истории, археологии и этнографии Дагестанского Научного Центра Российской Академии Наук насчитывает более 5 тысяч единиц. Эта коллекция собиралась усилиями сотрудников Отдела Востоковедения на протяжении ряда лет, участвовавших в археографических экспедициях под руководством А.Р. Шихсаидова. Участники экспедиций А.А. Исаев, Х.А. Омаров, Г.М.-Р. Оразаев, и многие другие внесли огромный вклад в историческую науку, открыв ранее неизвестные документы[3, 148]

Эпистолярные дагестанские документы почти не нашли отражения в научной и справочной литературе.

Собрание арабоязычных писем Рукописного Фонда Института истории, археологии и этнографии Дагестанского Научного Центра Российской Академии Наук очень богато по своему тематическому содержанию. Особое место в собрании занимает переписка наибов с кадиями и представителями различных селений и джамаатов в Дагестане в середине XIX в., которая включает в себя распоряжения и наставления наибам, наложение штрафов и наказаний, решения по тяжбам, воззвания к отдельным обществам, обмен информацией о внутреннем положении в имамате и ходе военных действий, жалобы и прошения к наибам, переписка с официальными царскими властями и т.д. В данных документах сосредоточен интересный и богатый материал по изучению различных вопросов социально-экономического и политического характера. К ним можно отнести данные о военных эпизодах, перечне обязанностей наибов и их функциях по обеспечению войск продовольствием и снаряжением, вопросы торговли и административного управления, сведения о регулировании отношений между обществами и т.д.

Подавляющее большинство эпистолярных документов – это оригинальные письма, написанные на бумаге, в основном, российского или местного образца. Формат документов небольшой (6,3×5,3; 6,5×11,6; 9×11 и т.д.), что объясняется дороговизной бумаги. Почерк – традиционный на Северном Кавказе дагестанский насх. На многих письмах имеются удостоверяющие печати. Переписка охватывает почти все сферы жизнедеятельности дагестанского общества указанного периода. Тематически в ней выделяются две группы писем: письма политического содержания и письма, включающие сведения социально-экономического характера.

Из первой группы особый интерес представляют письма, касающиеся событий национально-освободительного движения в Дагестане в XIX в. Так, в письме за № 141 наиб Хаки[1] сообщает наибу Хаджимураду[2], что намерен выступить против неверных в местности Вицхи и просит Хаджимурада поддержать его (Хаки) и одновременно выступить с ним[4].

В письме за № 153 наиб Даниял Султан[3] сообщает Тамиму, что в результате произошедшей битвы неприятель понёс большие потери, противник укрылся на стороне Аргуна[4] и не представляет собой опасности[5].

Тот же Даниял Султан в письме за № 165 от 24 раджаба 1261 г.х./29 июля 1845 г. сообщает наибу Кебед Мухаммаду[5], что неверные движутся по направлению к нему (Кебед Мухаммаду) и что он (Даниял Султан) идёт к нему с небольшим подкреплением[6].

В письме за № 191, датированным 1255 г.х./1839-40 г., Тамим сообщает сотникам[6] Айшал Мухаммаду и Даудилаву Келебскому, что им

---

[1] Наиб Хаки – наиб Шамиля в с. Магар (ныне Чародинский район РД), окрестных хуторов и мест поселения переселенцев из Казикумухского ханства. Упоминается в письмах Шамиля в апреле и июне 1850 г.
[2] Наиб Хаджимурад (1812–1852) – один из самых известных наибов Шамиля. Являлся мудиром Аварской области. Был одним из приближённых правителей Аварского ханства.
[3] Даниял Султан (Даниял-бек Елисуйский) – родился в селении Елису на левобережье реки Алазани, центре одноименного султаната. 16 июня 1844 года присягает на верность Шамилю и становится мудиром Южной части Аварии.
[4] Аргун – река на Северном Кавказе, правый приток Сунжи
[5] Кебед-Мухаммад – наиб общества Телетль с 1840 г. С 1849 г. назначен Шамилем над семью наибствами.
[6] Сотник – командир отряда из ста человек

Исторические науки

следует выступить с войсками в сторону Чечни, захватив с собой провиант на 15 дней[7].

В письме за № 193 неизвестный пишет Даниял Султану, что жители Дагестана не живут в безопасности от кафиров[7], и просит сообщить, когда будет его (Даниял Султана) выступление, чтобы прийти ему на помощь [8].

В письмах за №№ 195 и 196 сообщается о захвате Даниял Султаном Илису и отступлении неверных в сторону Мукар Ора[9].

Кадий Мухаммад сообщает командиру войска Мухаммаду Эфенди, что имам Шамиль отправил войска в Эрпели, переселил его жителей, а само село и ещё два – Каранай и Ишкарты[8] были сожжены [10][9].

Наиб Абдуллах пишет Хаджияву, что, согласно сведениям, поступившим из крепости Гергебиль (كركب)[10], русские расположились на стороне Хаджал марки (حجل مركى)[11], и никаких действий не происходит[11].

Мюрид Джамалуддин[12] сообщает командирам войск Башир Беку (بشر بيك) и Мухаммаду ал-Карани (محمد القرانى), что самое важное для имама Шамиля это вызволить Даниял Султана из плена кафиров. И если они (Баширбек и Мухаммад ал-Карани) не пойдут к Даниял Султану на помощь, то имам будет очень не доволен этим и найдёт для этого других людей. Джамалуддин также сообщает, что имам со своим войском, возвращаясь из Чиркея (چرك), дошёл до селений Ухли (احل)[13] и Кулецма (قلزم)[14] [12].

Муфтий Осман пишет Даниял Султану, что неверные остановились на дороге к селению Харачи (خرچ)[15] у караульного дома и что дорога, по которой ездили к имаму, теперь отрезана [13].

В письме, датированном 1294 г.х./1877 г. кадий Амир Алилав сообщает Хаджи Мухаммаду из Сограля, что его приказ держать оборону железного моста не выполняется[14].

---

[7] Кафир (араб.) – неверный

[8] Каранай, Ишкарты – селения в Буйнакском районе РД

[9] Вероятно сёла были сожжены для того, чтобы избежать их захвата неприятелем.

[10] Гергебиль – селение в Гергебильском районе РД

[11] Возможно Хаджалмахи – селение в Левашинском районе РД

[12] Джамалуддин Газикумухский (1788-1866) – широко известный в Дагестане и за его пределами духовный и общественный деятель, учёный, шейх накшбандийского тариката, сподвижник Шамиля.

[13] Ухли (Охли) – селение в Левашинском районе РД

[14] Кулецма – селение в Лакском районе РД

[15] Харачи – селение в Унцукульском районе РД

Представители обществ Эс (عس)[16] и Баклал (بقلال)[17] сообщают Хаджи Мухаммаду из Согратля о произошедшей битве между горцами и русскими и сожжении сёл Канкиру (كنقر) и Тад Магитль (طد مغل)[18] [15].

Кадий селения Акуша[19] пишет кадию селения Мекеги (مكحه)[20], что Кебед Мухаммад достиг селений Корода (قروده) и Куяда (كياده)[21] и завладел ими. Поэтому цудахарцы послали людей в Салта (سلطه)[22] для подстраховки [16].

Командир армии Абу Бакар[23] пишет, что находится с войском на реке Шали в полной боевой готовности и просит в письме Садуллу[24], Дуба[25], Мухаммадмирзу[26] быть готовыми дать отпор неверным[17].

Это далеко не весь перечень документов по данной тематике. Предстоит большая работа по введению в научный оборот богатого эпистолярного наследия, хранящегося в Рукописном Фонде ИИАЭ ДНЦ РАН, т.к. эти письма послужат богатой источниковой базой для исследователей, занимающихся историей Дагестана XIX в.

Литература
1. Магомедова З.А. Распространение и развитие арабо-мусульманских культурных традиций в Дагестане в XVIII – начале XIX вв. //Вестник Института языка, литературы и искусства им. Г. Цадасы. № 2, Махачкала, 2012.

---

[16] Эс – ГӀес – Ассабцы – жители с. Ассаб – ныне село в Шамильском районе РД
[17] Баклал – батлухцы, жители с. Батлух – ныне село в Шамильском районе РД
[18] Канкиру (Кванкеро), Тад Магитль – ныне сёла в Ахвахском районе РД
[19] Акуша – райцентр в Акушинском районе РД
[20] Мекеги – селение в Левашинском районе РД
[21] Корода, Куяда – селения в Гунибском районе РД
[22] Салта – селение в Гунибском районе РД
[23] Наиб Абу Бакар из с. Аргвани (Абакар-дибир Аргванинский) – известный сподвижник Шамиля.
[24] Саадулла – наиб Шамиля в Малой Чечне, куда, видимо, он был назначен на место Мухаммадмирзы (Анзорова) в связи с назначением последнего в марте 1849 г. мудиром над новыми землями.
[25] Наиб Дуба (Дуба Вешендоронский) – наиб в Малой Чечне. В 1843 г. был назначен наибом Шатоевского общества вместе с горными и предгорными аулами Большой и малой Чечни.
[26] Мухаммадмирза (Анзоров) – кабардинец из влиятельного рода, примкнувший к движению Шамиля. С августа 1846 г. наиб в Гехи, с марта 1849 г. – мудир. Умер19 июня 1851 г. от раны, полученной в сражении.

2. Крачковский И.Ю. Арабская литература на Северном Кавказе//Избранные сочинения, М.-Л., 1960. Т.6.
3. Шихсаидов, Гаврилова Л.К., Наврузов А.Р., Закарияев З.Ш., Оразаев Г.М.-Р., Османова М.Н., Шихалиев Ш.Ш., Магомедова З.А., Маламагомедов Д.М. //Вестник Института истории, археологии и этнографии, 2009, №4(20)
4. РФ ИИАЭ.16. Оп.1 №141
5. РФ ИИАЭ.16. Оп.1 №153
6. РФ ИИАЭ.16. Оп.1 №165
7. РФ ИИАЭ.16. Оп.1 №191
8. РФ ИИАЭ.16. Оп.1 №193
9. РФ ИИАЭ.16. Оп.1 №195, 196
10. РФ ИИАЭ.Ф.16. Оп.1. № 215
11. РФ ИИАЭ.Ф.16.Оп.1. № 217
12. РФ ИИАЭ.Ф.16.Оп.1. № 225
13. РФ ИИАЭ.Ф.16.Оп.1. № 272
14. РФ ИИАЭ.Ф.16.Оп.1. № 306
15. РФ ИИАЭ.Ф.16.Оп.1. № 315
16. РФ ИИАЭ.Ф.16.Оп.1. № 329
17. РФ ИИАЭ.Ф.16.Оп.1. № 338

Вязьмин А.Я., Клюшников О.В., Подкорытов Ю.М.
1) д.м.н., профессор, зав.кафедрой ортопедической стоматологии;
2) к.м.н., ассистент кафедры ортопедической стоматологии;
3) к.м.н., доцент кафедры ортопедической стоматологии Иркутского государственного медицинского университета
E: mail - klush.stom@mail.ru

ПРОБЛЕМЫ БЮГЕЛЬНОГО ПРОТЕЗИРОВАНИЯ

Для пациентов основной целью протезирования является восстановление жевательной функции и эстетики. Изготовленный по индивидуальному плану лечения съемный зубной протез существенно влияет на улучшение качества жизни пациента. Эти лечебно-профилактические мероприятия направлены на адекватное диагнозу восстановление и длительную стабилизацию формы и функции. При этом должны учитываться эстетические аспекты и динамика жевательной функции. Зубной протез соответствует этим высоким требованиям тогда, когда наблюдаются:
- Восстановленная жевательная функция
- Прочная фиксация, легкое введение и выведение
- Эстетичный вид
- Безупречная фонетика
- Минимальное давление на ткань в психологически приемлемых границах
- Хорошая гигиена, простой уход
- Безупречное, точное техническое исполнение
- Биологически совместимые материалы
- Гарантия хорошей функциональности

Во время консультации нужно выяснить, отвечает ли кламмерная конструкция бюгельного протеза представлениям, пожеланиям и возможностям пациента. В течении многолетнего применения кламмерный бюгельный протез хорошо зарекомендовал себя в разнообразных модификациях во всем мире. Опыт многих зуботехнических лабораторий показывает, насколько необоснованной является существующая негативная оценка кламмерного протеза при сравнении его с другими видами протезирования. При правильном диагнозе, подчеркиваю планировании и конструкции кламмерный бюгельный протез является вполне приемлемым функциональным решением. Превосходные качества современных кобальтохромовых сплавов и правильное изготовление гарантируют высококачественное протезирование. Изящная конструкция бюгельного протеза обычно без проблем встраивается в зубочелюстную систему. Благодаря стабильности формы, каркас бюгельного протеза надежно соединяет седловидные части концевых дефектов, дает хорошую опору и фиксацию за счет кламмеров. Тканевая переносимость кобальтохромовых сплавов – при условии правильных показаний и правильной обработки – оценивается как отличная. Сравнительно низкая теплопроводность и небольшой удельный вес повышают комфортабельность протеза.

Актуальные проблемы, включая неудачи при изготовлении и использовании бюгельных протезов, связаны сегодня меньше всего с технологическими процессами. Они появляются скорее из-за неуверенности при определении показаний и выборе конструкции. Современные приборы и материалы, инструкции по их применению и обслуживанию намного упрощают изготовление, но не решают вопросов планирования и конструирования. И хотя ответственность за решение этих двух задач несет в первую очередь врач-стоматолог, но он и зубной техник должны сообща искать индивидуальное решение для каждого пациента. Только на основании четких и конкретных данных зубной техник может точно выполнить запланированную врачом-ортопедом конструкцию и обеспечить хороший конечный результат.

Создание безупречного каркаса бюгельного протеза является трудной задачей даже для опытных зубных техников, квалифицированно исполняющих другие работы, если классический кламмерный протез отошел для них на второй план. Тот, кто сегодня интенсивно занимается технологией бюгельного протезирования, имеет широкий спектр конструкционных возможностей. Однако, не менее важно и интенсивное освоение навыков мастерства. Планирование и изготовление конструкций, соответствующих желаниям пациента и функциональной необходимости, должны проводиться совместными усилиями стоматолога и зубного техника.

Как правило, большинство пациентов хотят иметь зубной протез, который, в первую очередь, отвечает их эстетическим представлениям. Функциональные аспекты часто имеют лишь второстепенное значение или вообще остаются без внимания. Поэтому изготовление функционально безупречного зубного протеза, но с учетом пожеланий пациента во время планирования, находится на ответственности стоматолога.

Между самым простым стандартным кламмерным протезом и технически сложным комбинированным протезом существует с точки зрения функциональности, эстетики и комфортности огромные различия. Пациента нужно проинформировать о технических и финансовых альтернативах по каждому подходящему для него протезу. Во время консультации должны быть рассмотрены преимущества и недостатки отдельных возможностей протезирования, затронуты вопросы выбора материала, а также оговорены все финансовые условия. Тщательное обсуждение различных видов протезирования существенно помогает в выборе решения. Перед пациентом встает вопрос: сэкономить на расходах в данном случае или отказаться от других потребностей. Важно, чтобы он понял, какие преимущества имеет более дорогой протез. Пациенту должно быть ясно также и то, что речь здесь идет не только о восстановлении дефекта зубного ряда или жевательной функции. Дополнительные расходы он должен рассматривать как инвестицию в собственное здоровье и качество жизни. Но простой, недорогой вариант протеза тоже гарантирует восстановление жевательной функции. Реализация пожеланий в отношении эстетики и удобства протеза требует проведения дополнительных работ. Новые высококачественные биосовместимые материалы и современные технологии помогают создать удивительный косметический эффект. Если пациент увидит, что его индивидуальность только выигрывает от естественного внешнего вида, то он будет больше расположен к тому, чтобы инвестировать в зубной протез. По понятным причинам особенно у молодых пациентов с характерно выраженными дефектами зубного ряда существует огромная антипатия к съемным конструкциям. Нужно обязательно принимать во внимание связанный с этим страх, вырастающий вплоть до психических проблем. Опыт показывает, что этот круг пациентов лишь с большим трудом привыкает к частичным, съемным протезам. При поиске и выборе индивидуальных решений рекомендуется использовать такие легкодоступные вспомогательные средства, как наглядные модели, брошюры, каталоги, компакт-диски или видеокассеты. Эти пособия, кроме всего, наглядно информируют пациента и о очень высоких затратах труда как стоматолога, так и зубного техника.

При всех замечательных возможностях, существующих в современной стоматологии, нельзя забывать и о том, что пациенты не всегда могут или хотят иметь дорогостоящий протез. Иногда их финансовое положение позволяет выбор только простейшей конструкции. Следовательно, стоматолог должен создать функциональный зубной протез с помощью простых средств, но с использованием современных научных достижений.

Физиологически оправданным и финансово выгодным является кламмерный бюгельный протез и кобальтохромового сплава с литыми опорно-удерживающими кламмерами. Положение конструкции и вид удерживающих и опорных элементов существенно зависит от расположения оставшихся естественных зубов. Коронки на опорные зубы изготавливаются только в абсолютно необходимых случаях, например, вследствие недостаточной ретенции. При дефектах зубного ряда во фронтальной области практически невозможно избежать видимых кламмерных элементов. В ситуациях с малым количеством опорных зубов или при их неблагоприятном расположении необходим большой металлический базис. Такие, с функциональной точки зрения неизбежные ограничения, должны быть разъяснены пациенту до начала протезирования.

Но и при изготовлении недорогого протеза расположение кламмеров не должно определяться, подчеркиваю, произвольно или просто на глаз! При недостаточной глубине поднутрения подвергается опасности прочная и надежная посадка протеза. В свою очередь чересчур большая глубина поднутрения будет перегружать опорные зубы и осложнять ввод и снятие протеза. Без точного измерения модели безупречная функциональность частичного кламмерного протеза предоставляется случаю и может быть причиной неудачи протезирования. Вывод: профессионально изготовленный кламмерный протез является внешне простым, но вполне адекватным выбором.

В центре всего зубоврачебного лечения и протезирования стоит здоровье пациента. На врача стоматолога и на зубного техника ложится, таким образом, большая ответственность: врач-стоматолог отвечает за общую работу, включая правильный диагноз и лечение, зубной техник – за безупречное техническое изготовление протеза. В соответствии с разнообразием современных технологий врач-стоматолог обязан использовать весь мастерский потенциал и технические возможности лаборатории. Пациент должен быть уверен, что лаборатория обладает всеми необходимыми условиями для выполнения качественной работы.

На качество зуботехнических работ влияют не только испытанные, надежные технологии и качественные материалы. Очень важны рациональная организация труда, точное планирование, использование накопленного опыта и, что немаловажно, тесное взаимодействие врача, зубного техника и пациента.

Здоровый пародонт зубов является важным условием для протезирования. Анамнез, исследование общего состояния пациента и диагноз составляют основу каждого ортопедического планирования. Прежде чем приступить к окончательному выбору конструкции протеза, предварительно должны быть проведены все необходимые мероприятия по удалению зубов, терапии кариеса и т.д. Поверхностное обследование полости рта и спешка с началом изготовления протеза часто оставляют не выявленными многие проблемы. Последствием такого неполноценного обследования будут недовольные, жалующиеся на боль пациенты, состояние которых после протезирования ухудшается.

Парамонова О.В., Черкесова Е.Г., Бондаренко Е.А., Коренская Е.Г., Левкина М.В., Морозова Т.А.
Волгоградский государственный медицинский университет, кафедра госпитальной терапии; Россия, г. Волгоград

ИСПОЛЬЗОВАНИЕ ПОКАЗАТЕЛЕЙ АУТОТИРЕОИДНОГО АНТИТЕЛОГЕНЕЗА В ДИАГНОСТИКЕ АУТОИММУННОЙ ПАТОЛОГИИ ЩИТОВИДНОЙ ЖЕЛЕЗЫ

Аутоиммунная патология щитовидной железы (ЩЖ) - ДТЗ, аутоиммунный тиреоидит Хашимото, гипотиреоз – представляет особый интерес для исследователей в плане использования максимально точных методов диагностики.

Определение антител к отдельным белкам щитовидной железы используется для ранней диагностики заболеваний щитовидной железы. К их числу относятся, антитела к тиреоглобулину, микросомам ацинарных клеток фолликула, антитела к рецепторам гормонов и к самим гормонам щитовидной железы. Основными аутоантителами, играющими ведущую роль в патогенезе аутотиреоидной патологии, являются антитела к рецепторам ТТГ (LATS), антитела к тиреотропину, цитотоксические антитела (антитиреоглобулиновые антитела, антимикросомальные АТ, антицитоплазматические АТ и антинуклеарные аутоантитела). Только первые 2 типа (ТГ-АТ и Мс-АТ) имеют практическое значение в настоящее время в диагностике аутотиреоидной патологии [2,8].

Антитиреоглобулиновые антитела вырабатываются к тиреоглобулину, одному из наиболее изученных антигенов ЩЖ, являющимся предшественником тиреоидных гормонов. Определение данных антител практически перестает использоваться для диагностики аутоиммунных заболеваний ЩЖ, сохраняя свое клиническое значение лишь для динамического наблюдения пациентов, получавших комплексную терапию по поводу высокодифференцированного рака ЩЖ. [1,12]

Микросомальные антитела - образуются к пероксидазе, специфическому антигену тиреоидной микросомальной фракции, Небольшие концентрации ТПО могут быть выявлены в системном кровотоке, при этом её уровень и иммуногенные свойства оказываются значительно меньше, чем у тиреоглобулина. Тем не менее, по не вполне понятным причинам, антитела против ТПО при аутоиммунных заболеваниях ЩЖ встречаются чаще, чем АТ к ТГ, и являются их более чувствительным маркером. По другим данным, анти-ТПО признаны суррогатным маркером любой аутоиммунной патологии ЩЖ, динамике уровня которых не придается никакого клинического значения [6,665].

Антитела к рецепторам ТТГ (р-ТТГ) обнаруживаются в основном в сыворотке крови больных ДТЗ и используются для дифференциальной диагностики болезни Грейвса от других заболеваний, протекающих с синдромом тиреотоксикоза.

Антитела к тиреотропину неспецифичны, кроме того, они чаще выявляются у свиней, а не у людей [2,8;3,7].

Для установления аутоиммунного характера тиреоидного поражения используется достаточно большое количество показателей, но все они позволяют установить диагноз только в совокупности.

Цель работы - выработка новых критериев диагностики.

Материалы и методы. Группа больных с аутотиреоидной патологией состояла из 35 человек. Средний возраст пациентов составил 52,2±5,1 лет. Средняя продолжительность заболеваний составила 3,82±3,21 лет. Антитела к T_3 и T_4 [5,945] определялись иммуноферментным методом при фиксации антигена в магнитоуправляемых сорбентах по методу Гонтаря, 2001 г. [4,20]

Результаты. Повышенный уровень антител к T_4 обнаружен у 91% и антител к T_3 у 87%. Лишь в группе с гипотиреозом у 3 пациентов выявлены нормальные значения уровня анти-T_4 и у 4 пациентов анти-T_3. Средние значения уровня антител составили 0,196±0,11 е.о.п для анти-T_4; 0,160±0,05 е.о.п. для анти-T_3 (p<0,001). Выявлено достоверное увеличение содержания антител к T_3 и антител к T_4 при гипертиреозом по сравнению с гипотиреозом (p<0,05). Количественное содержание антител к T_3 было ниже, чем содержание антител к T_4 (p>0,05), что объясняется меньшим содержанием количества свободных форм T_3 в крови. В контрольной группе, состоявшей из здоровых лиц, антител к гормонам выявлено не было. Корреляционный анализ выявил слабые отрицательные связи между ТТГ и T_3 и T_4 (r=-0,3, p=0,17; r=-0,26, p=0,23). Была выявлена корреляция высокой степени между T_3 и T_4 (r=0,97, p=0,0001) и между антителами к T_3 и T_4 (r=0,55, p=0,001), в то время как у доноров существенных связей между T_3 и T_4 не отмечалось. Были установлены выраженные обратные взаимосвязи между уровнем T_3 и T_4 и количеством Ig M (r=-0,53, p=0,0085; r=-0,52, p=0,009). Была отмечена достоверная обратная зависимость уровня анти-T_4 от Ig A (r=-0,39, p=0,049).

Выводы. Таким образом, антитела к тиреоидным гормонам- T_3 и T_4, подчеркивают тесную взаимосвязь между иммунологическими сдвигами при аутитиреоидных заболеваниях и функциональными нарушениями в системе гипоталамус-гипофиз-щитовидная железа и, следовательно, могут использоваться в диагностике аутоиммунного поражения щитовидной железы.

Литература

1. Фадеев В.В. Антитела к рецептору ТТГ в дифференциальной диагностике токсического зоба / В.В. Фадеев // Проблемы эндокринологии - 2005. -Т.51, №4. - С. 10-18.
2. Фадеев В.В. К обсуждению классификации заболеваний щитовидной железы / В. В. Фадеев, Г. А. Мельниченко //Клиническая и экспериментальная тиреоидология – 2003. -Т. 1, №4. - С. 1-12.
3. Фадеев В.В. Справочник тиреоидолога / В.В. Фадеев // Тиронет - 2002. - № 6. – С.1-9.
4. Парамонова О.В. Клинико-диагностическое значение определения антител к тиреоидным гормонам у больных ревматоидным артритом в сочетании с поражением щитовидной железы при помощи магнитоуправляемых иммуносорбентов// автореф. ….канд. мед наук/- Волгоград, 2008 -32 с.
5. Auto-antibodies to thyroxin and triiodothyronine / R.K. Desai, B.Bredenkamp, I. Jialal, M. A. Omar et al.//Clinical Chemistry, 1988. - Vol 34. –p. 944-946.
6. Anti-thyroid peroxidase antibodies in thyroid diseases / S. Mariotti, P.Caturegli, P. Piccolo et al. // J. Clin. Edocrinol. Metab. — 1990 — Vol. 71. — P. 661 - 669.

Дядюк Т.В., Прокопенко С.В., Можейко Е.Ю.
Красноярский Государственный Медицинский Университет им. В.Ф.Войно-Ясенецкого, кафедра нервных болезней с курсом медицинской реабилитации ПО, зав. кафедрой – д.м.н., проф. С. В. Прокопенко, асс. Т. В. Дядюк, к.м.н., доц. Е.Ю. Можейко.

КАТАМНЕЗ ЭФФЕКТИВНОСТИ ИСПОЛЬЗОВАНИЯ КОМПЬЮТЕРНЫХ СТИМУЛИРУЮЩИХ ПРОГРАММ У БОЛЬНЫХ С КОГНИТИВНЫМИ НАРУШЕНИЯМИ В ОСТРОМ ПЕРИОДЕ ИШЕМИЧЕСКОГО ИНСУЛЬТА

Инсульт остается одной из основных причин инвалидизации во всем мире [1, 4; 2,74], главным образом из-за его влияния на когнитивные функции [3, 895; 4, 61]. Одной из основных задач терапии инсульта является коррекции когнитивных нарушений.

Наиболее распространенными методами коррекции когнитивных функций (КФ) являются занятия с нейропсихологом, основыванные на фундаментальных исследованиях А.Р. Лурия (1968) представленные мнемотехниками, основанными на кодировании информации, повторении, подсказках, использование внешних средств хранения информации, выработке правильной очередности двигательных актов [2, 77]. Занятия с нейропсихологом эффективны, но трудоемки, требуют подготовки большого количества дидактический материал, в связи с необходимостью постепенного усложнения заданий. Таким образом, стал актуальным вопрос о создании метода коррекции КФ с неограниченным количеством вариантов когнитивного теста, с постепенным усложнением задания по результатам правильности решения предыдущего.

Сотрудниками кафедры нервных болезней с курсом медицинской реабилитации ПО КрасГМУ совместно с сотрудниками кафедры теоретической физики КГПУ (г. Красноярск) разработан метод коррекции КФ (получен патент на изобретение № 2438574, 2012г.), представленный компьютеризированными нейропсихологическими тестами, а именно таблицей Шульте, часами, зашумленными изображениями, тестом на запоминание расположения картинок. Пациент фиксирует цифры, расставлять стрелки, обозначает одно из «зашумленных» изображений мышью, запоминает, а затем на чистом поле воспроизводит расположение картинок. При невыполнении задания на экране монитора появляется подсказка или указание на неверно выполненное задание; после исправления ошибки пациент продолжает работу в программе. По завершению работы выводится количество баллов или время, затраченное на выполнение задания. Созданный способ коррекции когнитивных функций имеет неограниченное число вариантов когнитивного теста, возможность регулировать степень нагрузки, игровую форму занятия, исключает необходимость оформления многочисленных карточек и другого дидактического материала, постоянного присутствия нейропсихолога (невролога).

Апробация способа коррекции когнитивных функций с использованием компьютерных стимулирующих программ (КСП) проводилась на базе неврологического отделения для больных с нарушением мозгового кровообращения МБУЗ «Городской клинической больницы скорой медицинской помощи имени Н.С. Карповича» г. Красноярска.

Материалы и методы исследования

В исследовании принял участие 81 пациент медиана - 61 год [25-75%; 54-68]. Больные в остром периоде ишемического инсульта (ИИ) с поражением левого или правого каротидного бассейна, подтвержденного данными МРТ или МСКТ головного мозга; в возрасте от 28 до 79 лет, с когнитивными нарушениями (КН) по краткой шкале оценки психического статуса (MMSE) от 20 до 27 баллов, правши, степенью неврологического дефицита по Американской шкале оценки тяжести инсульта NIHSS от 2 до 13 баллов. Критериями исключения были афатические речевые нарушения средней и тяжелой степени, бульбарный синдром и дизартрия тяжелой степени, грубые аффективно-поведенческие нарушения, нарушение зрения, снижение слуха, соматические заболевания в стадии декомпенсации или субкомпенсации, уровень образования ниже неполного среднего, прием нейролептиков, антидепрессантов до и во время исследования.

Основная группа была представлена 45 больными медиана - 59 лет [25-75%; 55 - 68], группа сопоставления - 36 пациентами медиана - 63,5 года [25-75%; 53,5-69]. Пациенты обеих групп получали стандартную медикаментозную терапию с учетом сопутствующих заболеваний. Первичная оценка выраженности когнитивного дефицита пациентов основной группы и группы сопоставления проводилась на 8-10 сутки острого периода ИИ, повторно когнитивные функции оценивались на 18-20 сутки. Для степени выраженности КН использовалась краткая шкала оценки психического статуса (MMSE), батарея тестов лобной дисфункции (FAB), тест рисования часов, тест на речевую активность; степень неврологического дефицита оценивалась по Американской шкале оценки тяжести инсульта NIHSS. Больные основной группы прошли курс компьютерной коррекции с использованием КСП. Занятия проводились ежедневно по 20 минут в течение 10 дней. Катамнез изучался у больных основной группы через 6-8 мес. после окончания курса компьютерной коррекции.

Результаты и обсуждение

На момент включения в исследование пациенты обеих групп были сопоставимы по баллу шкалы MMSE (p=0,55), шкалы FAB (p=0,77), тесту рисования часов (p=0,7), фонетической речевой активности (p=0,84) и семантической речевой активности) (p=0,17), шкалы NIHSS (p=0,8).

У пациентов обеих групп к окончанию острого периода заболевания наступило статистически значимое улучшение состояния КФ по шкале MMSE; FAB, тесту рисования часов, по тестам на речевую активность, также достоверно уменьшилась степень тяжести неврологического дефицита у пациентов основной группы и группы сопоставления (p=0,000001; p=0,000002 соответственно). Однако, при сопоставлении итоговых результатов достоверно лучший результат у пациентов основной группы достигнут по баллу шкалы MMSE (p = 0,00003), по баллу шкалы FAB (p = 0,000224), по тесту на фонетическую речевую активность (p= 0,003), а также семантически опосредованных ассоциаций (p= 0,000414). Переход в группы с более легким когнитивным дефицитом после лечения достоверно лучше был у пациентов основной группы – 33 человека (73%±0,066) по сравнению с больными группы сопоставления – 14 человек (39%±0,08) (χ^2= 9,74; p=0,0018) по шкале MMSE; у 26 человек (58%±0,057) основной группы и у 5 больных (14%±0,073) группы сопоставления по баллу шкалы FAB (χ^2= 16,31; p=0,0001). Учитывая полученный результат, можно сделать вывод об эффективности использования компьютерных стимулирующих программ коррекции когнитивных функций для больных с ишемическим инсультом при начале лечения с 8-10-ых суток от момента заболевания.

В позднем восстановительном периоде было обследовано 36 пациентов из основной группы, (из них 26 мужчин, 10 женщин, в возрасте от 35 до 77 лет) медиана – 60 лет [25%-75%; 55-68]. Проведенный анализ нейропсихологического тестирования (через 6-8 месяцев) показал, что результат достигнутый в остром периоде на фоне компьютерной коррекции носит стойкий характер, о чем свидетельствует отсутствие достоверных различий по баллу шкалы MMSE (p=0,144), FAB (p = 0,063), по тесту на фонетическую (p=0,54), семантическую речевую активность (p=0,98), тесту рисования часов (p=0,21) при повторном обследовании.

Подводя итог проведенной работе, можно сделать вывод, что созданные компьютерные стимулирующие программы улучшают КФ в остром периоде ишемического инсульта, полученный результат носит стойкий характер. Разработанные КСП можно использовать в сосудистых центрах для коррекции когнитивных нарушений у больных в остром периоде ишемического инсульта.

Литература:

1. Гусев, Е. И. Проблема инсульта в Российской Федерации: время активных совместных действий / Е. И. Гусев, В. И. Скворцова, Л. В. Стаховская // Журн. неврологии и психиатрии им. С. С. Корсакова. - 2007. - №8. - С. 4-10.
2. Современные подходы к реабилитации больных, перенесших инсульт / М. Ф. Ибрагимов, Ф. А. Хабиров, Т. И. Хайбуллин и др. // Практич. медицина. - 2012. - Т. 2. - С. 74-79.
3. Gottesman, R. F. Predictors and assessment of cognitive dysfunction resulting from ischemic stroke / R. F. Gottesman, A. E. Hillis // Lancet. Neurol. - 2010. - V. 9, №9. - P. 895-905.
4. Sahathevan, R. Dementia, stroke and vascular risk factors: a review / R. Sahathevan, A. Brodtmann, G. A. Donnan // Int. J. Stroke. - 2012. - V. 7, №1. - P. 61-73.

Жилякова О.В.
ФГБУ НИИАГП СО РАМН г. Томск
Захарова И.В.
к.м.н., доцент, ГБОУ ВПО СибГМУ Минздрава России
Удут В.В.
д.м.н., проф., член-корр. РАМН,
ФГБУ «НИИ фармакологии» СО РАМН
Агаркова Л.А.
д.м.н., проф., ФГБУ НИИАГП СО РАМН

ПРОФИЛАКТИКА АКУШЕРСКИХ ОСЛОЖНЕНИЙ У БЕРЕМЕННЫХ ЖЕНЩИН С ЖЕЛЕЗОДЕФИЦИТНОЙ АНЕМИЕЙ С ПРИМЕНЕНИЕМ МЕКСИДОЛА

Актуальность совершенствования методов лечения беременных с железодефицитной анемией обусловлена ростом заболеваемости этой анемией в России и большой частотой рецидивирования. Влияние неблагоприятных факторов приводит к гипоксическому состоянию у беременных. Гипоксия является одним из базисных состояний, возникающих при заболеваниях человека. [9, 3]. Биохимическим эквивалентом гипоксии считают изменения концентрации субстратов в основных метаболических пулах клеток, снижение энергопродукции в них, в результате чего возникают нарушения фосфорилирующих процессов и химических синтезов в клетках в целом. Это приводит к замедлению не только митохондриального синтеза АТФ, но и расстройству всего обмена веществ в митохондриях. [2, 40; 3, 23].

Нарушение биоэнергетики являются главной причиной неблагоприятных сдвигов в гомеостазе матери и плода и этиопатогенетической основой антенатальной и перинатальной патологии. Нарушения энергетического обмена могут являться фоном для возникновения различных осложнений гестационного процесса, родов, обострения экстрагенитальной патологии [4, 7; 5, 244; 7, 273; 8, 272]. Необходимость фармакологической регуляции энергетического обмена жизненно важна для беременных, у которых энергозатраты увеличиваются пропорционально с ростом плода. [5, 244; 10, 34]. Различные повреждающие факторы, воздействуя на плодное яйцо, приводят к развитию у беременных плацентарной недостаточности – патофизиологического феномена, состоящего из комплекса нарушений трофической, эндокринной и метаболической функций плаценты, истощением ее компенсаторно-приспособительных механизмов. Многочисленные исследования показали, что более 60% перинатальной патологии возникает в антенатальном периоде, а основная причина ее развития - плацентарная недостаточность. [2, 40; 3, 23; 8, 272]. Согласно данным литературы, при анемии беременных плацентарная недостаточность наблюдается в 18-24%. [4,244; 6, 862].

В связи с вышеизложенным, представляется перспективным применение препаратов, регулирующих энергетический обмен, которые оказывают выраженное цитопротекторное действие, препятствуют нарушению энергетического обмена в ворсинах плаценты при развитии гипоксии и ишемии. Обладая антиоксидантной и противогипоксической активностью, они потенцируют действие базовой терапии направленной на лечение анемии беременных и улучшение кровообращения в системе мать-плацента-плод уменьшают количество акушерских осложнений при беременности и в родах, связанных с нарушениями функции данного комплекса.

Целью работы явилось изучение влияния анемии беременных на маточно-плацентарный комплекс, а также применение препарата «Мексидол», оказывающего воздействие на энергетический обмен, применяемого в комплексном лечении анемии беременных, и положительное его влияние на фетоплацентарный комплекс.

В ходе исследования все беременные были разделены на 2 группы: в первую вошли 30 женщин, которым проводилась традиционная медикаментозная терапия анемии железосодержащими препаратами. Во второй — 30 беременных помимо традиционной методики лечения ЖДА получали препарат «Мексидол», начиная после 20й недели беременности. Мексидол — препарат с поликомпонентным, мультитаргетным механизмом действия. Интерес представляют его антиоксидантный и мембранотропный эффекты, способность повышать энергетический статус клетки. [1, 1]. Его способность к повышению резистентности органов к гипоксии посредством воздействия на систему энергопродукции веществами, действующими на уровне митохондрий, послужила предпосылкой к его изучению в рамках данного исследования. При этом препарат не содержит ксенобиотиков, хорошо переносится и не имеет противопоказаний к применению у беременных.

Обследуемые в течении беременности находились под наблюдением врача и в установленные сроки проходили клиническое обследование с применением клинико-лабораторных и инструментальных методов анализа, включающие оценку функции фетоплацентарного комплекса.

Мексидол оказался эффективным в комплексном лечении анемии у беременных женщин, так достоверно повысились показатели крови по сравнению с показателями группы контроля. В I группе средний уровень гемоглобина до лечения составил $103,6 \pm 1,76$ г/л, среднее количество эритроцитов – $3,4 \pm 0,08 \cdot 10^{12}$/л. После лечения средний уровень гемоглобина возрос до $106,2 \pm 2,3$ г/л (увеличение на 2,5%, $p<0,05$), а количество эритроцитов – до $3,6 \pm 0,03 \cdot 10^{12}$/л (увеличение на 5,9 %, $p<0,05$). Во II группе средний уровень гемоглобина до лечения составил $103,8 \pm 2,9$

г/л, а среднее количество эритроцитов – 3,49±0,04·10^{12} /л. После лечения средний уровень гемоглобина возрос до 109,5±2,1 г/л (увеличение на 5,5%, p<0,05), а количество эритроцитов – до 3,82±0,06·10^{12} /л (увеличение на 9,5%, p<0,05).

В результате проведенного обследования установлено что в группе получавших энергостабилизаторы, признаки гипоксии плода по данным КТГ в стадии компенсации развились в два раза реже, чем в группе контроля и не отмечено состоянии декомпенсации. По данным допплерометрии, в группе, где беременные принимали «Мексидол» реже и в более легкой форме в поздние сроки беременности встречались нарушения фетоплацентарного и маточно-плацентарного кровообращения. Также не отмечено отставания в развитии плода – в группе контроля показатели составили 14,3%, в группе, принимавших «Мексидол» 7,2%.

Все беременные были родоразрешены в срок, живыми доношенными детьми, средняя масса новорожденных составила 3515г, при среднем росте 52 см. Анализ полученных результатов позволяет говорить об уменьшении таких осложнений в родах, как слабость родовых сил и гипотоническое маточное кровотечение, дистресс-синдром новорожденного и синдром отставания в развитии.

Проведенные нами исследования показали, что применение регуляторов энергетического обмена:
1. эффективно в комплексном лечении анемии у беременных женщин.
2. препятствует развитию плацентарной недостаточности, защищая плаценту от повреждающих факторов.
3. уменьшают количество акушерских осложнений при беременности и в родах.

Литература

1. Воронина Т.А. Мексидол: спектр фармакологических эффектов. Медицинский альманах. 2013.-N 1.-С.145-146.
2. Гаврилов В.Я., Немиров Е.К. Содержание половых гормонов в крови здоровых и больных анемией рожениц и сосудах пуповины их новорожденных. // Акуш. и гин. 1991; 2: С. 40-3.
3. Железнов Б.И., Аверьянова С.Г., Степанянц Р.И. Морфофункциональная характеристика мышцы сердца у беременных с железодефицитной анемией// Акуш. и гин. 1991; 6: С. 23-8.
4. Казакова Л.М. // Железодефицитная анемия у беременных. Мед. помощь 1993. 1: С. 7-15.
5. Лукьянова Л.Д. Регуляция энергетического обмена //Бюл. эксп. биол. и мед. - 1997. -Т.124. - № 9.- С.244-254.
6. Протопопова Т.А. Железодефицитная анемия и беременность // РМЖ. – 2012. – № 17. – С. 862–867

7. Радзинский В.Е., Смалько П.Я. Биохимия плацентарной недостаточности: Монография. М.: изд-во РУДН, 2001; С. 273.
8. Савельева Г.М., Федорова М.М., Клименко П.А., Сичинава Л.Г. Плацентарная недостаточность. – М., Медицина. – 1991, С. 272 .
9. Тайпурова А. М. Эффективность основных групп препаратов железа, фармакоэкономика и качество жизни при лечении анемии беременных. Автореферат. Диссертация, канд.мед.наук.
10. Хазанов В.А., Смирнова Н.Б., Ильюшенко С.В. Митохондриальные эффекты в механизме церебропротекторного действия экстракта бадана толстолистного// Бюлл. эксперим. биологии и медицины. - 2001 - приложение 1. - С. 34-39.

Немченко С.Г.
кандидат педагогических наук, доцент кафедры управления учебным заведением, педагогики высшей школы и методики преподавания общественных дисциплин Бердянского государственного педагогического университета

СИНЕРГЕТИЧЕСКИЕ ОСНОВЫ РЕФЛЕКСИВНОГО УПРАВЛЕНИЯ ОБЩЕОБРАЗОВАТЕЛЬНЫМ УЧЕБНЫМ ЗАВЕДЕНИЕМ

Постановка проблемы. Трансформация современного украинского общества характеризуется процессом становления и развития новой гуманистической парадигмы в теории образования.

Современные тенденции развития системы образования направлены на создание целостной педагогической системы, компоненты которой взаимозависимы и направленны на высокой уровень обучения, развитие и воспитание молодежи. Это требует от общеобразовательного учебного заведения использования инновационных технологий, которые дают каждому ученику проявить себя как личность, а каждому учителю – найти эффективные методы работы. С целью решения названных проблем в Украине активно осуществляются мероприятия, которые призваны коренным образом изменить в лучшую сторону состояние образования. Указом Президента Украины " О безотлагательных мероприятиях по обеспечению функционирования и развитию образования в Украине " предусмотрено осуществление мероприятий для развития образования в Украине, интеграции в европейское образовательное пространство, создание условий для обеспечения доступа граждан к качественному образованию, утверждение высокого статуса педагогических работников в обществе. Поэтому и администрации общеобразовательного учебного заведения нужны новые подходы к осуществлению управленческой деятельности.

Анализ последних исследований и публикаций. Эта проблема нашла свое отражение в исследованиях ведущих ученых и практиков прошлого и современности: Ю.Бабанского, В.Беспалька, В. Бондаря, Л. Даниленко, Г. Ельниковой, Б. Коротяева, В. Лугового, В. Маслова, В.Олейника, В. Пикельной и др. Теория адаптивного управления рассматривалась в научных трудах отечественных и зарубежных ученых: Г. Ельниковой, Г. Поляковой, П. Третьякова, Т. Шамовой, и др. Технологии образовательного процесса изучались такими ведущими учеными как В. Беспалько, Л. Даниленко, Г. Ельникова, В. Евдокимов, Т. Ильина, И. Лернер, В. Монахов, Г. Селевко, Т. Назарова и др. В научных трудах В.Бондаря, В. Григораш, Г. Ельниковой, О. Касьянова, Б.Кобзаря,

Ю.Конаржевского, М.Кондакова, О. Мармаза, В.Маслова, Е.Павлютенкова, М.Портнова, Н.Сунцова, П. Фролова, П.Худоминского и других ученых актуализируются проблемы теории и практики школьного управления. Несмотря на значительное количество трудов по проблемам социальных, педагогических и психологических методов управления в учебных заведениях, остается недостаточно рассмотрена проблема управления деятельностью педагогическими подсистемами высшей школы в целом, не разработаны, научно не обоснованны технологии рефлексивного управления профессиональным развитием научно - педагогических работников. Которые ведут к максимальному раскрытию потенциала и реализации интеллектуальных, культурных, творческих возможностей, обеспечения конкурентоспособности участников образовательного процесса высшей школы. В педагогической науке только начинается систематизированное исследование различных аспектов этой проблемы, которая оказывает значительное влияние на качество работы высших учебных заведений и способствует развитию процесса управления различными учебными подсистемами и их адаптации к современным социально-экономическим условиям в Украине. Анализ практической деятельности школ свидетельствует о том, что в большинстве случаев изменения в управленческую деятельность вносятся с помощью разнообразных инноваций. В то же время инновации часто не отвечают гуманистической направленности школы, которая часто не признает первичность ценности личности, необходимость повседневного сотрудничества, профессионального взаимодействия субъектов педагогического процесса. Возникает необходимость поиска не модернизации управленческой деятельности, а поиска новой современной управленческой парадигмы, которая бы отвечала современным потребностям.

Цель статьи: обоснование синергетических основ рефлексивного управления общеобразовательным учебным заведением.

Изложение основного материала исследования. Новая парадигма управления рассматривает образовательное учреждение как открытую самоорганизующуюся систему, обладающую эмерджентными свойствами, для управления которой необходимо знание и правильное применение принципов синергетики с целью продуктивного использования потенциала самоорганизации.

В синергетическом контексте таким управлением может стать рефлексивное управление, суть которого состоит в передаче полномочий, предоставлении каждому педагогу права самостоятельно принимать и реализовывать решения в рамках своей компетентности. В тоже время контроль со стороны руководителя общеобразовательного учебного учреждения ограничивается и направляется на конечные результаты.

Главной задачей субъекта управления становится найти, то малое резонансное воздействие ,при помощи которого возможно направить систему на один из собственных и эффективных для педагога путей самоуправляемого развития. Проблемой деятельности руководителя состоит в том, как преодолеть хаос в управляемой системе, не уничтожая его, а превращая его в творческое поле развития. По мнению, современного исследователя этой проблемы Лебедь О., таким полем может стать - рефлексивное образовательное пространство учебного учреждения – система условий развития личности, которая открывает возможности самоутверждения и самокоррекции социально-психологических и профессиональных ресурсов [6]. Таким образом сущностью нового подхода в управлении становится ориентация не на внешнее, а на внутреннее, на нечто имманентно присущее самой среде. Он ориентирован не на желания, намерения, проекты субъекта экспериментальной, конструкторской, реформаторской деятельности, а на собственные законы эволюции и самоорганизации сложной системы. При этом главное – не сила (величина, интенсивность, длительность и т.п.) управляющего воздействия, а его согласованность с собственными тенденциями самоконструирования нелинейной среды, т.е. правильная типология (пространственная и временная сисметрия) этого воздействия[5]. Отвергая методы прямого воздействия на открытые неравновесные системы, рефлексивное управление основывается на правильно организованных резонансных воздействиях. Это способствует запуску механизма самоорганизации, резервов саморазвития, выхода на желаемые пути развития и их поливариантность. Основным принципом рефлексивного управления, в таком случае, становится принцип самоорганизации; открытости образовательной среды для инноваций и преобразований; нелинейности построения и организации образовательного процесса; бифуркации; ситуационности и случайности; социального резонанса; динамичности; флуктуации; аттрактора цели; иерархии уровней связей и компонентов педагогической системы[3].

Процесс самоорганизации происходит в результате взаимодействия случайности и необходимости и всегда связан с переходом от неустойчивости к устойчивости, которые представляют собой необходимые условия для существования и функционирования вполне конкретной системы, тем не менее переход к новой системе и ее творческое развитие в целом невозможны без ликвидации ее конечности, устойчивости и однородности [7]. Целью рефлексивного управления становится создание условий для развития личности, а задачей – оптимизация воздействий исключающих друг друга процессов сохранения и изменения, происходящих в образовательном пространстве. Критерием этой оптимизации будет мера обеспечения развития субъектов образовательного пространства, мера существующих для этого возможностей, мера свободы выбора[3].

Рефлексивное управление может быть представлено тремя основными типами: параметрическое: создание и фиксация параметров управляющих воздействий – среднесрочное управление, в состоянии нормы, управление на макроуровне; динамическое: ситуационное, быстрое реагирование, принятие решений в точках выбора, бифуркациях, состояниях неустойчивости и динамического хаоса- управление на микроуровне; игровое: установление правил коммуникаций, логики взаимодействий- стратегическое, долговременное управление на мегауровне.

При таких типах управления образовательное пространство самоорганизуется за счет своих параметров порядка, возникающих в процессе динамической иерархизации системы отношений субъектов среды.

Исходя из выше сказанного, возможно представить процесс рефлексивного управления общеобразовательного учебного заведения следующим образом.

Понятие "процесс" определяется "как закономерное, последовательное изменение явления, переход в другое явление"[8. с.393]. Как и любой другой, процесс рефлексивного управление в своем становлении проходить несколько этапов. Успешность перехода с одного уровня процесса на другой, непосредственно зависит от знания его основных этапов и их последовательности. В свете концепции системотехники определяются и интерпретируются четыре этапа: рефлексивна разведка; рефлексивне управление (информация или дезинформация) с целью передачи противоположной стороне таких сведений, которые отвечают замыслу первых; оперативная разведка с целью проверки результатов рефлексивного управления и принятия решений; оперативное управление [4]. Построение модели процесса рефлексивного управления общеобразовательным учебным заведением осуществляется на основе исследования логики системной рефлексии, как фактора ее самоуправляемого развития [2]. В этом случае речь идет о сложном процессе рефлексивного управления.

Первый этап – это осознание и понимание того, что требует общество от общеобразовательного учебного заведения. Содержание этого этапа предусматривает первичное осознание руководителем конечного результата деятельности общеобразовательного учебного заведения, который должен быть получен (способ получения не является предметом обсуждения).

Второй этап – профессиональное понимание того, что должно быть достигнуто – специализированное управленческое понимание результата, который должен быть достигнут.

Третий этап – профессиональное осознание деятельности, необходимой для выполнения и получения окончательного результата, которая заключается в конструировании этого процесса. Важное значение для такого конструирования имеют процессуальное и структурное представления о деятельности.

Четвертый этап - фиксация имеющихся ресурсов. Начиная с этого этапа, руководитель должен получить возможность отклониться от содержания процесса достижения результата потому, что возникает большое количество проблем в процессе его моделирования.

На пятом этапе моделирования процесса привлечения ресурсов в будущую деятельность, закладывается обеспечение будущей деятельности, которое подается в виде процессуального проекта. Учет конкретных условий, в которых будет протекать деятельность, определяет: какие процессы будут обеспечены ресурсами и поэтому возможные, а какие – невозможны.

Шестой этап – фиксация проблем, которые возникают в связи с необходимостью получения конечного результата. В ходе последовательного отслеживание процесса привлечения ресурсов, можно получить и соответствующий перечень проблем.

На седьмом этапе осуществляется анализ этих проблем. При этом важно отделить случайные факторы, вызывающие проблемы от системных.

Восьмой этап – депроблематизация, нахождение путей решения зафиксированных проблем. На этом этапе определяются необходимые мероприятия, которые обеспечат решение проблемной ситуации.

Девятый этап – фиксация целостной программы деятельности. Путем предыдущих исследований фиксируется конечный результат вместе с процессами, которые к нему привели.

Десятый этап сама деятельность.Реализация программы начинается с процесса обеспечения деятельности ресурсами. Привлечение людей к ресурсам деятельности возможно лишь при условии, что их отношение к программе является исполнительским, то есть они не сомневаются в правильности программы. Результатом этого этапа является реальное наполнение деятельности согласно программе.

На одиннадцатом этапе осуществляется контроль деятельности. В сознании руководителя существуют два представления о процессах. Нормативное представление "как должно быть" согласно программе и представление о том, "как это происходит", – результат исследовательской рефлексии. Как только фиксируется их несоответствие, то есть реальная практика "отклонилась" от нормы, возникает следующий этап.

Двенадцатый этап - критическая рефлексия несоответствия деятельности, выяснения ее причины.

Тринадцатый этап – коррекция программы по результатам критической рефлексии. На этом этапе возможны несколько вариантов действий руководителя. Самый простой вариант – возвращение к деятельности, которая предшествует возникновению проблемы, предусматривается намерение "не повторять старые ошибки". Второй вариант более общий и сложный – внесение изменений в содержание программы. При этом очень важно помнить, что результат деятельности должен оставаться неизменным. Если в результате критического рассмотрения проблем возникает сомнение в реальности достижения необходимого результата или правильности применения задействованных компонентов, возникает новый этап.

Четырнадцатый этап – проблематизация содержания процесса получения необходимого результата. На этом этапе происходить: а) прекращение анализа деятельности, мнимое возвращение, в ситуацию начального определения результата; б) умственное моделирование деятельности общеобразовательного учебного заведения и как это соотносится с требованиями общества; в) умственная депроблематизация: позитивный переход из критической ситуации в нормативную, осмысление реального результата, которого можно будет достичь; г) согласование гипотезы с существующими требованиями общества, которая совпадает с его требованиями или не соответствует им. Если это соответствие существует, то есть достигнуто новое виденье окончательного результата, осуществляется возвращение на начало цикла и повторяются опять все его этапы.

Пятнадцатый этап – коррекция окончательного результата. Происходит возобновление деятельности, но с учетом откорректированного результата [1].

Важным в этом подходе является выделение "критической" функции рефлексии, которая реконструирует причины проблемы и поэтому занимает центральное место в процессе рефлексии. Разработанный в свете концепции формирования управленческого мышления, этот подход к построению процесса управления выводит нас на проблему реализации в нем обратных связей в виде процессов рефлексии.

Выводы: Рассмотрение выше указанных этапов управления дает основания для следующих выводов: рефлексивное управление основывается на идеях синергетики; выделение признаков этапов процесса рефлексивного управления позволяет понять его сущность и обеспечить практическую реализацию.

Литература

1. Анисимов О. С. Развитие. Моделирование. Технологии : методол. концепция управления образованием / О. С. Анисимов ; Рос. акад. гос. службы при Президенте РФ. − Калуга, 1996. − 92 с.
2. Ансофф И. Стратегическое управление : пер. с англ. / И. Ансофф ; науч. ред. и авт. предисл. Л. И. Евенко. − М. : Экономика, 1989. − 519 с.
3. Гребенюк Е.Н. Синергетический подход в гуманитарном исследовании: монография / Е.Н. Гребенюк. − Астрахань: Астраханский государственный университет, Издательский дом "Астраханский университет", 2011. − 100с.
4. Дружинин В.В., Конторов Д.С. Системотехника.− М.: Радио и связь. − 1985. − 198 с.
5. Князева Е.Н. Одиссея научного разума. Синергетическое видение научного прогресса / Е.Н. Князева. − М., 1995. − 228с.
6. Лебідь О.В. Формування професійної культури майбутнього керівника загальноосвітнього навчального закладу в умовах магістратури: дис…канд. пед.наук /О.В. Лебідь. − Бердянськ,2012 − 259с.
7. Рузавин Т.И. Синергетика и системный подход / Т.И. Рузавин // Философские науки. − 1985. − №5. − С.49
8. Философский словарь: изд. 5−е / под Ред. И.Т.Фролова. − М. Политиздат, 1987. − 590 с.

Науменко Н.П.
старший преподаватель кафедры романской и классической филологии
Таврического национального университета им. В.И. Вернадского
Шибаева И.В.
старший преподаватель кафедры романской и классической филологии
Таврического национального университета им. В.И. Вернадского

К ВОПРОСУ ОБ ИСПОЛЬЗОВАНИИ УЧЕБНЫХ ПОДКАСТОВ В ПРЕПОДАВАНИИ ФРАНЦУЗСКОГО ЯЗЫКА

Постановка проблемы. В настоящее время особенностью преподавания иностранных языков является то, что уже традиционной методикой этой дисциплины широко используются информационные и коммуникационные технологии (далее - ИКТ). Одной из популярных технологий передачи аудио - и видеоинформации в сети становятся подкасты, используемые для развития навыков аудирования и говорения. Однако ещё не достаточно уделяется внимание дидактическим и методическим возможностям интернет - технологий, в том числе, современных социальных сервисов Веб 2.0.

Анализ исследований и публикации. Применению ИКТ подкастов в обучении иностранному языку посвящены работы отечественных и зарубежных исследователей: А.Г. Соломатиной «Развитие умений говорения и аудирования учащихся посредством учебных подкастов», Е.Ю. Малушко «Методика формирования иноязычной профильной аудитивной компетенции магистрантов лингвистики», П.В. Сысоева, М. Н. Евстигнеева «Методическая система формирования информационно-коммуникационной компетентности учителей иностранного языка», Ж. Санклер «Le podcast, un outil favorisant les compétences orales en FLE», Доминика Фазилло «Premier aperçu sur la baladodifusion», Ж. Фалиппон-Дантен и К. Шовен «Quelques ressources podcastées».

Цель публикации – определить понятие подкаст и ознакомить с классификацией разнообразных подкастов, подходящих для обучения иностранному языку.

Информационные и коммуникационные технологии не перестают занимать одно из важных мест в экономической, социальной и культурной жизни современного общества, включая образование. Включение ИКТ в учебный процесс позволят наиболее эффективно реализовать возможности, заложенные в новых педагогических технологиях.

Программа обучения иностранным языкам включает четыре вида речевой деятельности: аудирование, чтение, письмо, говорение [1, 18]. Подкасты, как пример образовательной интернет - технологии, предлагая прослушивания ситуации и устное общение, облегчают эту практику и широко поддерживаются в текстах.

Изобретателем слова podcasting (англ.) является ведущий канала MTV Адам Керри, который путем словосложения соединил два слова: iPod – торговая марка серии портативных медиа проигрывателей компании Apple и broadcasting – повсеместное широкоформатное вещание. Таким образом, термин «подкастинг» приобрел следующее значение: «это способ распространения звуковой или видеоинформации в Интернете» [2, 58]. Подкаст позволяет прослушивать аудиофайлы и просматривать видеопередачи не в прямом эфире, а в любое удобное для пользователя время. Социальный сервис подкастов дает возможность пользователям сети как прослушивать или просматривать уже размещенные ранее подкасты, так и создавать свои собственные на любые темы. По длительности подкасты могут быть от нескольких минут до нескольких часов.

В работе «Дидактико-методические особенности использования подкастов при обучении иностранному языку в вузе» исследователи Л.И. Агафонова и Ж.С. Аникина предлагают авторскую, наиболее полную классификацию учебных подкастов по следующим признакам [3].

1. По технической платформе: автономный подкаст (создан с помощью автономного программного обеспечения, например, программа «Audacity», URL: http://www.audacity.ru); интегрированный подкаст (создан в рамках определенного сайта, например, http://81131.podomatic.com/).

2. По типу мультимедиа: аудиоподкаст (radiofrance.fr http://www.radiofrance.fr); видеоподкаст (france2.fr, http://www.france2.fr/).

3. По количеству авторов: индивидуальный подкаст (создан одним автором (http://www.djpod.fr/); коллективный подкаст (создан двумя и более авторами (http://lecollectif.orange.fr).

4. По авторскому составу: преподавательский подкаст; студенческий подкаст.

5. По жанру: учебный подкаст (http://www.rfi.fr); развлекательный подкаст (http://www.voyagecast, http://www.franceculture.fr); общественно-политический подкаст (http://www.rfi.fr) .

6. По цели обучения: формирование навыков; развитие умений.

Использование подкастов в процессе обучения иностранным языкам, как считают авторы исследований О.В. Халтурина и Ж. Санклер [4; 2, 59-60], предполагает соблюдение ряда условий: применять аудио - или видеоматериал, соответствующий уровню знаний обучающихся; выбирать подкасты, актуальные по содержанию; использовать наглядность в меру и показывать только в соответствующий момент занятия; обеспечивать доступность просмотра или прослушивания демонстрируемого материала; детально продумывать пояснения, в ходе демонстрации материала; использовать аудио - или видеофайлы в точном соответствии с образовательными целями и изучаемой темой; учитывать особенности учащихся, их потребностей и интересов; подбирать материалы, принадлежащие разным регистрам языка; четко различать спонтанное устное говорение (беседы, интервью, дебаты и т.д.) и пересказ письменной речи (радио новости, аудиокниги, политические речи и т.д.); предоставлять достоверный демонстрационный материал.

Большие возможности подкастов в обучении иностранному языку заключаются в том, что они предоставляют возможность: просматривать материал или неоднократно прослушивать аутентичную речь носителей языка в коммуникативных ситуациях повседневной жизни; разрабатывать некоторые уроки «дистанционно»; сообщать автоматически, подписавшись на RSS- ленты, публикации новых подкастов; классифицировать и архивировать подкасты с использованием рубрики и ключевых слов; изменять информационное наполнение периодически обновленных материалов подкастов и расширять словарный запас обучающихся; быть доступными для учащихся благодаря мобильным техническим средствам; осуществлять интерактивное обучение, следовательно, повышают мотивацию студентов к изучению иностранного языка [5, 6].

Вывод. Таким образом, можно утверждать, что применение аудио - и видеоподкастов способствует эффективности и результативности процесса обучению иностранному языку, а также совершенствует у студентов приобретенные умения и навыки иноязычного общения.

Литература:

1. Un cadre européen commun de référence pour les langues: apprendre, enseigner, évaluer. - Strasbourg: Division des politiques linguistiques, 2000. - 196 p.
2. Sancler J. Le podcast, un outil favorisant les compétences orales en FLE: [Electronic ressource] / J.Sancler. - 2012. - Acess mode : http://ressources-cla.univ-fcomte.fr/gerflint/venezuela7/sancler.pdf
3. Агафонова Л.И., Аникина Ж.С. Дидактико-методические особенности использования подкастов при обучении иностранному языку в вузе: [Электронный ресурс] / Л.И. Агафонова, Ж.С. Аникина. – Режим доступа: http://emissia.org/offline/2011/1703.htm
4. Халтурина О. В. Использование видеоподкастов для оптимизации процесса обучения иностранным языкам / О. В. Халтурина // Молодой ученый. — 2012. — №6. — С. 453 - 456.
5. Usages éducatifs et culturels du podcast: [Electronic ressource]. - Acess mode: http://www.generationcyb.net/Usages-educatifs-et-culturels-du,0874
6. Романова С. Использование подкаста в преподавании второго иностранного языка: [Электронный ресурс] / С. Романова. - Режим доступа: http://elw.ru/practice/detail/1157/

Назаревская М.П.
Таврический национальный университет
им. В. И. Вернадского,
г. Симферополь

ЛАТИНСКИЙ ЯЗЫК В СИСТЕМЕ СОВРЕМЕННОГО ГУМАНИТАРНОГО ОБРАЗОВАНИЯ

Постановка проблемы. Образованием является целенаправленная деятельность людей по получению знаний, умений, навыков, целенаправленный процесс в интересах человека, общества, государства, основа духовного и экономического развития общества. Результатом процесса образования является единство воспитания, обучения и просвещения, соотношение материального и идеального, науки и искусства. Согласно Закону «Про освіту», Украина отмечает образование как приоритетную сферу социально-экономического, духовного и культурного развития общества. Основными принципами образования являются гуманизм, демократизм, приоритетность общечеловеческих духовных ценностей, органическая связь с мировой и национальной историей, культурой, традициями. В этом же документе отмечается, что именно образование реализует национальную идеологию, способствует национальной самоидентификации, развитию культуры народа, овладение ценностями мировой культуры, общечеловеческими ценностями [1]. Явления миграции, кризис классической модели образования не изменили сущности образования, как способа существования человека в «универсуме» культуры.

Понятие «гуманитарное образование» или «гуманитарное знание» привлекает внимание целого ряда учёных: В.И. Слободчиков исследует гуманитарно-антропологический подход, Ю.В. Сенько размышляет о гуманитарных и «негуманитарных» знаниях, «эмпирическую» теорию высказывает А.Б. Орлов, вопрос о ценности гуманитарного знания поднимает Е.И. Исаев.

Гуманитарное знание включает в себя ценностное отношение к изучаемой действительности, к жизни человека (В.П. Зинченко, В.С. Семенцев, В.Н. Сагатовский, М.М. Бахтин, Л.П. Разбегаева) [2, 368-369]. Гуманитарное образование – это «совокупность знаний в области общественных наук (философии, истории, филологии, права, экономики, искусствоведения и др.) и связанных с ними практических навыков и умений,…важнейшее средство формирования мировоззрения; играет огромную роль в общем развитии людей, в их умственном и нравственном воспитании» [3, 64]. Современная социальная жизнь обусловила появление и развитие идей демократизации и гуманизации образования, отвечающих стремлению создать общество, в котором во главу угла ставятся уважительное отношение к личности, защита достоинства и прав каждого человека. При стремительном экономическом росте неуклонно возрастает роль знаний. Перспективы развития образования напрямую зависят от способа «трансляции» и смысловой наполненности каждого предмета, и, поэтому, все знания, полученные учащимися в процессе обучения должны способствовать духовному и нравственному совершенствованию человека.

Детерминантами современного гуманитарного образования являются развитие таких свойств личности, которые способствуют её успешной социализации и активному включению в практическую деятельность. «Такая цель образования утверждает отношение к знаниям, умениям и навыкам как средствам, обеспечивающим достижение полноценного гармоничного развития эмоциональной, умственной, ценностной, волевой и физической сторон личности» [4].

«Содержание образования – это содержание процесса прогрессивных изменений свойств и качеств личности, необходимым условием этого, в свою очередь, является особым образом организованная деятельность» [5, 6].

Несмотря на бурные темпы внедрения в учебный процесс новейших технологий, немаловажная роль в процессе обучения отведена предметам гуманитарного цикла. Гуманитарные предметы раскрывают законы общественного развития, социальную природу человека, предполагают работу с текстом и постижение единства языка, смысла и текста.

Наряду с такими предметами, как философия, история, филология, студентами всех гуманитарных специальностей изучается латинский язык. Целью статьи является определить место латинского языка в современной системе университетского образования.

Латинский язык относится к числу общелингвистических дисциплин, а с исторической точки зрения – это первый школьный предмет, с которого начиналось образование ещё в античные времена, и основа школьного и университетского образования в последующие века. В рамках современного гуманитарного образования изучение латинского языка даёт необходимую лингвистическую базу для понимания родного и иностранного языков, а также предоставляет неоценимый материал для изучения истоков европейской истории и культуры. Изучение латинского языка ни в коей мере не ограничивается изучением грамматических правил, а направлено, прежде всего, на работу с культурными текстами. «Латинский текст» в широком понимании, его содержание в историческом, лингвокультурологическом и страноведческом контексте – главные ориентиры методики обучения латинскому языку. Латинский текст следует рассматривать как особый объект для лингвистического исследования, он несёт в себе большой объём «надлингвистической» информации. И здесь уместным, наверное, будет вспомнить определение следующих понятий: «внеязыкового смысла» (Литвинов В.П.), языковой формы… – «ближайшее значение», и ...внеязыкового содержания – «дальнейшее значение» (Потебня А.А.), контекстности и интенциональности и «принадлежащего языку средства для выражения внеязыкового смысла» (В. Дильтей) [6, 23; 7, 164]. Латинский текст (а «текстом» может называться короткая фраза, сентенция, афоризм) существует в «контексте» истории, культуры, философии, личности, стиля.

Таким образом, латинский язык, исторически являясь основой гуманитарного образования на протяжении многих столетий, в настоящее время по-прежнему предоставляет широкие возможности для углубления грамматических знаний, а также изучения истории Древнего мира, Средневековья и Византии, античной и средневековой литературы, мифологии, философии, основ права, биографий поэтов, писателей и политических деятелей эпохи Античности и Средних веков, истории христианства и многого другого. Перечисленное выше является наполненным смыслами гуманитарным знанием, прочно связывающим прошлое с настоящим.

Литература

1. Закон Украины «Про освіту» от 23 мая 1991г. № 1061-ХП1.
2. Бахтин М.М. Эстетика словесного творчества / Михаил Михайлович Бахтин. – М.: Искусство, 1979. – С. 423.
3. Энциклопедия эпистемологии и философии науки / Илья Теодорович Касавин. – М.: «Канон+», 2009. – С. 434.
4. Сластенин В.А. Детерминанты содержания образования и принципы его структурирования Рубрика: вопросы образования [Электронный ресурс] / Виталий Александрович Сластенин. – Режим доступа: library.by›portalus...pedagogics/readme.php?...start...
5. Леднев В.С. Стандарты общего образования: от идеи к реализации / Вадим Семёнович Леднёв // Стандарты и мониторинг в образовании. – 1998. – № 1. – С. 31.
6. Литвинов В.П. Типологический метод в лингвистической семантике / Виктор Петрович Литвинов. – Ростов-на-Дону: РГУ, 1986. – С. 168.
7. Потебня А.А. Мысль и язык / Александр Афанасьевич Потебня. – М.: Лабиринт, 1999. – С. 440.
8. Степанчук О. А. Гуманитарные знания в системе современного образования / О. А. Степанчук // Педагогика: традиции и инновации: материалы междунар. науч. конф. (г. Челябинск, октябрь 2011 г.) – Челябинск: Два комсомольца, 2011. – С. 24-27.

Козин В.В.
доцент, кандидат педагогических наук, Сибирский государственный университет физической культуры и спорта, Омск, cousi@mail.ru
Зыков А.В.
аспирант, Сибирский государственный университет физической культуры и спорта, Омск, zikou@mail.ru

СОВРЕМЕННЫЕ ТРЕБОВАНИЯ К ПРОФЕССИОНАЛЬНОЙ ДЕЯТЕЛЬНОСТИ ТРЕНЕРА ПО СПОРТИВНЫМ ИГРАМ

Современный спорт предъявляет высокие требования не только к спортсменам, но и, в первую очередь, к специалистам, инструкторам, тренерам, которые осуществляют их подготовку. Так как целесообразность и адекватность применяемых методов и средств подготовки спортсменов напрямую влияет на развитие каждого занимающегося, состояние его здоровья и уровень спортивного результата.

В условиях интенсивного научно-технического прогресса в тренировочный процесс и соревновательную деятельность спортсменов активно внедряются информационные технологии. Однако эта интеграция осложнена бесструктурным применением многими тренерами ситуационного подхода. Данное обстоятельство приводит к тому, что двигательная подготовка игроков ограничивается классификациями, представленными в учебно-методической литературе, которые не обладают вариативностью и не адаптированы к игровым ситуациям [6, 244]. Помимо этого, моделируемые в тренировочном процессе ситуации игры часто не взаимосвязаны друг с другом, что не позволяет сформировать у игроков целостное представление об игровом процессе и ситуационное восприятие, тем самым разрушая «игровую дисциплину». В итоге спортсмены игровых видов сталкиваются с проблемой рационального использования приемов и способов в экстремальных условиях соревновательной деятельности.

Проблема в том, что со времен советской школы спортивных игр двигательное действие трактуется как совокупность физических процессов и сводит знание тренеров о спортивной технике к биомеханическим параметрам [6, 242]. Однако, в такого рода нормативно-биомеханических моделях не достаточно учитываются уникальные свойства внутреннего мира спортсмена – субъективность, смысл, интенциональность «живых движений» исключены [1, 17]. Это наглядно проявляется в деятельности тренера, которая часто ориентирована на четкие тактические установки игры с исключением импровизации игроками.

Стоит отметить работы, которые в должной мере не нашли применение на практике, концепции которых строятся на интеграции биомеханических принципов движений и идеализированных представлений цели действия, как осознанного образа предвосхищаемого результата, в одну систему [1, 23; 3, 89; 6, 253]. В данных работах отчетливо проявляется информационный подход, позволяющий решать ситуационные задачи посредством моделирования деятельности спортсменов и алгоритмизации процесса спортивной подготовки.

В то же время, стоит констатировать, что теоретически и методически вопросы обучения тренеров программированию, моделированию и алгоритмизации деятельности баскетболистов с учетом ситуационной обусловленности и высокой экстремальности соревновательной деятельности не раскрыты. Как следствие, в виду отсутствия специфических знаний у тренера и спортсмена, возникает проблема внедрения информационных технологий, программного обеспечения в учебно-тренировочный процесс и соревновательную деятельность.

Между тем, для квалифицированного анализа и интерпретации полученных результатов тренировочной и соревновательной деятельности тренеры должны обладать знаниями об алгоритмах обработки информации (характер информации о соревновательной деятельности; алгоритмы идентификации, отождествления и классификации тренировочной и соревновательной деятельности, последовательность их выполнения), а также об алгоритмах координационного управления (алгоритмы обобщения условий противодействий соперников; алгоритмы управления двигательными подсистемами).

Помимо этого, тренер должен уметь разрабатывать модели технико-тактической деятельности соперничающих игроков. Владеть основами технологии оптимального использования современных информационных и коммуникационных средств, ориентированных на реализацию психолого-педагогических целей обучения и воспитания [2, 56; 7, 742].

Данные знания тренеры и спортсмены должны получать в рамках специальных дисциплин, а также в процессе учебно-тренировочных занятий. Информационную подготовку тренеров необходимо осуществлять через центры повышения квалификации, а также при помощи специальных курсов, организованных Российскими, региональными федерациями по видам спорта.

Однако, как, опять же, показывает практика, функционирование системы повышения квалификации происходит без учета социального заказа на инновационную деятельность тренера по спортивным играм. Таким образом, можно выделить наличие определенного противоречия между растущей потребностью во все более эффективной реализации тренером инновационной, включающей в себя информационные и, как сейчас принято говорить, компетентностные составляющие, деятельности и пробелами в системе подготовки к ней.

В заключение стоит отметить, что эффективность формирования готовности тренера к деятельности в современных информационных условиях достигается через расширение его профессионального самосознания в коллективной учебно-исследовательской деятельности [4, 58; 5, 46], что фиксируется в вербализированной рефлексивной оценке собственной профессиональной деятельности, педагогических закономерностях решения проблемы.

С информатизацией процесса образования, тренировочного процесса становится возможным формирование эффективного взаимодействия тренера и спортсмена. На наш взгляд, это позволит наиболее эффективно координировать деятельность тренера по спортивным играм в управлении командой, а игрокам достигать высоких результатов.

Литература

1. Дмитриев С. В., Михайлов Ю. А. Теория спортивной техники и «семантика движений» – в поисках взаимодействия // Физическое воспитание студентов. - № 4. - 2010. – С. 15-25.

2. Козин В. В., Лалаков Г. С. Моделирование и алгоритмизация технико-тактической деятельности спортсменов на основе ситуационной декомпозиции // Физическое воспитание студентов. Научный журнал. – Харьков, 2011. - №3. – С. 53-56.

3. Коренберг В. Б. Основы спортивной кинезиологии. – М.: Советский спорт, 2005. – 232 с.

4. Лихачев О. Е. Современные проблемы высшего многоуровневого образования // Теория и практика физической культуры. - 2000, №9. – С. 57-59.

5. Петров П. К. Подготовка специалистов по физической культуре и спорту в условиях информатизации общества // Физическая культура: воспитание образование, тренировка. - 2006, № 5. - С.45-47.

6. Яхонтов Е. Р. Теоретическое обоснование введения в научно-методический обиход спортивных игр понятия «ситуационная техника» // Спортивные игры в физическом воспитании, рекреации и спорте. – Смоленск, 2006. – С. 242-254.

7. Csataljay G. Principal components analysis of basketball perfomance indicators // World Congress of Perfomance Analysis of Sport VIII. Deutschland: Otto-von-Guericke-Universität Magdeburg Department of Sports Science, 2008. - 737-743 pp.

Шиховцов Ю.В.
доцент, к.п.н., кафедра физического воспитания ФГБОУ ВПО
«Самарский государственный экономический университет»
Николаева И.В.
доцент, к.п.н., кафедры физического воспитания ФГБОУ ВПО
«Самарский государственный экономический университет»

АНАЛИЗ ДЛИТЕЛЬНОСТИ ФАЗЫ ПОЛЕТА МЯЧА ПРИ ВЫПОЛНЕНИИ НАПАДАЮЩИХ УДАРОВ В ВОЛЕЙБОЛЕ

В последние годы в волейболе наблюдается тенденция возрастания скорости развития атакующих тактико-технических действий на сетке. Создавшееся положение обусловлено не только увеличением мощи самих нападающих ударов и ростом антропометрических показателей атакующих волейболистов, но и трудно прогнозируемым по направлению, высоте и скорости передачами, выполняемыми связующими игроками. Кроме того, непредсказуемые отвлекающие действия игроков атаки передней и задней линии усугубляют положение игроков обороняющейся команды.

С целью достойного противостояния волейболистов-защитников острокомбинационной и скоротечной игре соперника в нападении, авторами предпринята попытка выявить временные характеристики полета мяча, летящего после выполнения атакующим игроком нападающего удара.

Для решения поставленной задачи нами проведен естественный педагогический эксперимент, в процессе которого при помощи специально сконструированного и изготовленного акустического миллисекундомера (точность измерений ±0,001 мс), определялось время нахождения мяча в воздухе при атаках волейболисток высокой квалификации. Кроме того, при проведении измерений фиксировались зона атаки (2,3,4) и зона попадания (квадрат площадью м²) мяча в волейбольную площадку (см. рис.). Параллельно осуществлялась видеозапись изучаемых фрагментов волейбольной встречи. Исследования проводились на соревнованиях команд высшей и суперлиги России в 2011-2012 гг.

Обработка экспериментальных данных позволила получить статистические оценки, характеризующие длительность фазы полета мяча при совершении атакующим игроком скоростных, ускоренных и медленных нападающих ударов, выполняемых с различной силой и в разных направлениях в типовых игровых ситуациях (при атаках из зон 2,3,4).

Анализ результатов исследования времени полета мяча при выполнении соперником сильных (скоростных) нападающих ударов из разных зон атаки (табл.1) показал, что более скоротечными являются полеты из зоны 2 и 4, завершаемые ударами «по линии». При этом мячи при нападающих ударах из зоны 4 достигают площадки несколько быстрее, чем при атаке из зоны 2. длительность фазы полета меча равна, соответственно, 294 мс и 331 мс. Это обстоятельство требует от защитников зон 1 и 5 высокого уровня развития скоростных качеств при отражении атак «по линии». Малая длительность фазы полета мяча при атаке соперника «по линии» объясняется тем, что расстояние, которое пролетает мяч до касания площадки, не превышает 9,5 м и, несмотря на то, что сила удара в связи с технической сложностью исполнения перевода уменьшается, а значит, и скорость полета мяча снижается, временные параметры, характеризующие длительность нахождения мяча в воздухе, достаточно высокие.

Рис. Условное обозначение зон волейбольной площадки для определения места попадания мяча при выполнении соперником нападающих ударов

При атаках из зоны 3 с переводом по горизонтали также наблюдается малая длительность фазы полета мяча: с переводом вправо она равна 323 мс, с переводом влево – 335 мс. В данной ситуации, как и при ударах «по линии», высокие временные показатели находятся в прямой зависимости от расстояния, которое преодолевает мяч после нападающего удара (оно не превышает 10,5 м).

Таблица 1

**Средние значения длительности фазы полета мяча
при выполнении атакующим игроком сильных нападающих ударов**

Зона атаки	Направление нападающего удара	Длительность фазы полета мяча, мс
2	«По ходу» – в квадраты «Е» и «К»	427
	«По линии» – в квадраты «Г» и «З»	331
3	Перевод вправо – в квадраты «Г» и «З»	323
	Перевод влево – в квадраты «Е» и «К»	335
4	«По ходу» – в квадраты «Г» и «З»	408
	«По линии» – в квадраты «Е» и «К»	294

Поскольку большинство атак из зоны 2 и 4 завершаются ударами «по ходу», несомненный интерес вызывают показатели длительности фазы полета меча в этих ситуациях. Из табл. 1 видно, что время полета мяча при ударах «по ходу» больше, чем при ударах «по линии». При ударах из зоны 2 оно достигает 427 мс, из зоны 4 – 408 мс. Более высокая скорость полета мяча при выполнении нападающих ударов из зоны 4 по сравнению с зоной 2 связана с функциональным распределением обязанностей при организации атакующих действий – в зоне 4, как правило, располагается более квалифицированный нападающий игрок, обладающий лучшей технической и физической подготовленностью, а значит, и более мощными нападающими ударами. Низкие показатели длительности фазы полета мяча при атаках «по ходу» (исслед. авт.) определены большим расстоянием (до 13 м) от зоны атаки до места попадания мяча в площадку. Однако высокие показатели поражаемости зон площадки при атаках «по ходу» предъявляют соответствующие требования к уровню подготовленности волейболисток, играющих в защите в зонах 1 и 2 при атаках из зоны 2, а также к защитникам зон 4 и 5 при атаках из зоны 4.

При анализе временных параметров полета мяча при выполнении соперником обманных (медленных) нападающих ударов, так называемых «скидок», отмечаются более низкие показатели длительности фазы полета мяча (табл. 2), чем при завершении атаки с использованием сильных нападающих ударов.

Полученные данные свидетельствуют о том, что обманные нападающие удары, выполненные из зоны 4, достигают площадки быстрее (709 мс), чем при атаках из зоны 2 (761 мс). Время полета мяча из зоны 3 еще меньше (591 мс) и определяется расстоянием, которое преодолевает мяч, летящий после удара, до касания площадки, – не более 7,5 м. При нападении из зоны 2 и 4 данное расстояние достигает 10,0 м.

Таблица 2

Средние значения длительности фазы полета мяча при выполнении атакующим игроком обманных нападающих ударов

Зона атаки	Длительность фазы полета мяча в квадраты, мс			
	«А» и «Г»	«Б» и «Д»	«В» и «Е»	Среднее значение
2	501	681	1102	761
3	626	478	670	591
4	1020	641	467	709

Изучение длительности фазы полета мяча при выполнении атакующим соперником нападающих ударов в типовых игровых ситуациях показало, что время нахождения мяча в воздухе не превышает: при сильных нападающих ударах – 427 мс, при обманных – 1020 мс.

Таким образом, использование в практике спортивной тренировки полученных в ходе педагогического эксперимента временных показателей, характеризующих длительность фазы полета мяча, летящего после выполнения атакующим игроком нападающего удара, будет способствовать совершенствованию тактики защиты в поле, поскольку данная информация является именно тем критерием, от которого зависят все тактико-технические действия защищающегося игрока, а именно: рациональный выбор места на площадке, целесообразность применения того или иного защитного действия и его успешность, взаимодействия партнеров по команде и пр.

Сопоставление полученных результатов в процессе исследования временных параметров со временем перемещения волейболисток на короткие отрезки (перемещение лицом вперед даже на расстояние 0,5 м составляет 0,465 мс – исслед. авт.) свидетельствует о том, что малая длительность фазы полета мяча и генетически недостаточный уровень скоростной подготовленности игрока защиты не позволяют ему успешно отразить атаку соперника, если перемещение к зоне, в которую направлен мяч, игрок начнет выполнять после выполнения нападающего удара атакующим игроком. Данное обстоятельство диктует необходимость заблаговременного (в момент развития атаки: прием подачи, вторая передача, разбег нападающего игрока и пр.) выхода защитника на оптимальные исходные положения для приема нападающих ударов.

Представленные авторами результаты исследования несомненно окажут помощь тренеру при оценке реальных скоростных возможностей волейболисток при игре в защите и будут способствовать разработке рациональных расстановок игроков-защитников при отражении атак соперника в поле.

Николаев П.П.
доцент, кафедра физического воспитания ФГБОУ ВПО «Самарский государственный экономический университет»
Белова Ю.В.
преподаватель, кафедра физического воспитания ФГБОУ ВПО «Самарский государственный экономический университет»

МОТИВАЦИЯ СТУДЕНТОВ К ЗДОРОВОМУ ОБРАЗУ ЖИЗНИ – СОВРЕМЕННЫЙ ПОДХОД К ОБРАЗОВАТЕЛЬНОМУ ПРОЦЕССУ В ВУЗЕ

Результатом образования в области физической культуры должно быть создание устойчивой мотивации студентов к здоровому и продуктивному стилю жизни, формирование потребности к физическому самосовершенствованию. Нездоровое поколение – это результат воздействия не только социально-экономических факторов, но и педагогических причин: стрессов, несбалансированной учебной нагрузки большого объема, несоответствия программ и технологий обучения особенностям состояния здоровья студентов.

Здоровье студента – это, прежде всего, процесс сохранения и развития его психических и физических качеств, оптимальной работоспособности и социальной активности при максимальной продолжительности жизни.

Как отмечает О. В. Удовиченко, формирование здорового образа жизни в студенческой среде – сложный системный процесс, охватывающий множество компонентов образа жизни современного общества и включающий основные сферы и направления жизнедеятельности молодых людей. Ориентированность молодежи на ведение здорового образа жизни зависит от множества условий. Это и объективные общественные, социально-экономические условия, позволяющих вести, осуществлять здоровый образ жизни в основных сферах жизнедеятельности (учебной, трудовой, семейно-бытовой, досуга), и система ценностных отношений, направляющая сознательную активность молодых людей в русло именно этого образа жизни [2].

Здоровый образ жизни – показатель, указывающий, как человек реализует окружающие его условия жизнедеятельности для своего здоровья.

Основной источник сохранения здоровья – сам человек. Быть здоровым – значит целенаправленно работать над собой. Здоровье – это прежде всего, титанический труд по самопреобразованию, саморазвитию, самосовершенствованию. Может быть поэтому, люди, не задумывающиеся о своем здоровье часто совершают, на первый взгляд, привлекательные поступки, которые со временем превращаются во вредные привычки (курение, употребление алкоголя, спайса, наркотиков), от которых в последствии очень трудно отказаться и которые вредны для здоровья.

С другой стороны замечено, что люди восстановившие свое здоровье путем невероятного волевого напряжения всех жизненных сил(физических, психических, моральных) на всю жизнь остаются яркими приверженцами и пропагандистами здорового образа жизни.

Следовательно, для того чтобы сформировать у студентов ценностное отношение к здоровью, необходимо их самих сделать творцами, созидателями, преобразователями собственного здоровья. А для этого их необходимо вовлечь в личностно-ориентированную деятельность по сохранению, укреплению и совершенствованию своего здоровья.

В нашем вузе разработана и давно реализуется следующая схема применения педагогических условий по реализации личностно-ориентированного обучения, разработанная Л.А. Ивановой.

Важным явилась реализация принципа соответствия внешних и внутренних педагогических условий развития личности, который показывает, что внешние условия должны быть направлены на создание внутренних и, в свою очередь, определяться ими. Доказано, что только их соответствие может привести к желаемому результату. Данные теоретические положения позволили представить соответствие внешних и внутренних условий использования личностно ориентированного обучения в следующем виде (схема 1).

Человек становится личностью только в процессе социализации, то есть общения, взаимодействия с другими людьми. По интенсивности контактов выделяется ближняя и дальняя среда. Дальняя (социальная) среда – это наш общественный строй, на который мы можем влиять только опосредованно. Ближняя среда, включающая семью, друзей, преподавателей, может изменить мировоззрение хотя бы какой-то части молодежи, которую мы приобщаем к здоровому образу жизни [1,70].

Опираясь на выше изложенные условия формирования здорового образа жизни студентов в вузе мы определили по нашему мнению, наиболее важные его составляющие:

1. Повышение уровня знаний студентов посредством создания информационно-пропагандистской системы в вузе.

Получение знаний на уровне современных научных достижений по проблеме «Человек и его здоровье» (о негативном влиянии факторов риска на здоровье и возможностях его снижения). Студенты получили теоретические знания о здоровом образе жизни и при желании могли получить консультацию и необходимые рекомендации педагога.

Только через повседневную, текущую информацию человек получает необходимые знания, которые в той или иной степени влияют на его поведение, а, следовательно, и на образ жизни человека.

2. Второе важное направление формирования здорового образа жизни – это «обучение здоровью».

Схема 1

Соответствие внешних и внутренних условий применения личностно ориентированного обучения студентов в вузе

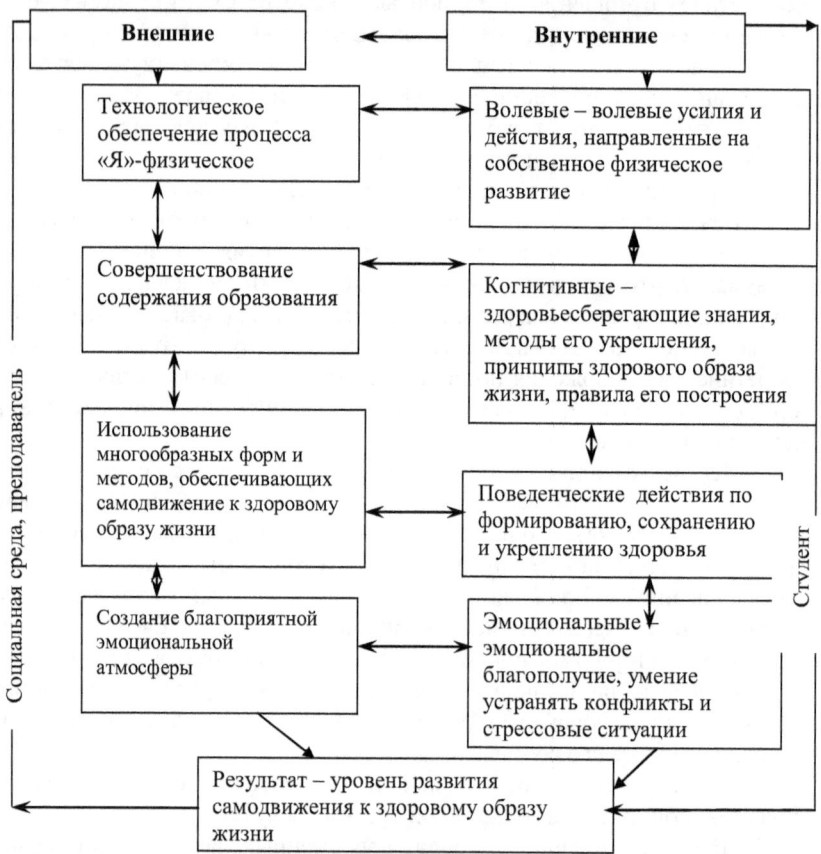

Это комплексная просветительская, обучающая и воспитательная деятельность. Студенты с использованием современных технологий получали представление об уровне имеющегося у них здоровья, о подверженности риску того или иного заболевания, о динамике состояния здоровья под влиянием реализации собственной программы оздоровления психического состояния, приобретения самоуверенности, самовыраженности.

Сегодня вуз является центром формирования мировоззрения и интеллектуального уровня молодого человека. Именно здесь появляется возможность дать студентам осознанные глубокие знания о сущности психического и физического здоровья в доступной форме изложить причины его нарушений, научить методам его восстановления и укрепления.

3. Меры по профилактике вредных и опасных привычек (курение потребление алкоголя, потребление наркотических средств).

Успех данного направления в работе по формированию здорового образа жизни полностью зависит от степени заинтересованности студентов в собственном здоровье.

4. Побуждение студентов к самостоятельным занятиям физической культурой, физически активному образу жизни, туризму, повышение доступности этих видов оздоровления.

К сожалению, коммерциализация спортивной инфраструктуры в настоящее время препятствует развитию массового спорта. Хотя в борьбе с гиподинамией нельзя все сводить к наличию доступных спортсооружений, необходимо решать эту проблему всеми доступными способами включая физкультурно-спортивную деятельность в вузе, физкультпаузы, физкультминутки на лекционных занятиях, ежедневную утреннюю гимнастику, пешие прогулки и походы и другие формы, доступные для массового использования.

Именно в этих составляющих работы по формированию положительной мотивации на сохранение и укрепление здоровья реализовывались внутренние педагогические условия личностно ориентированного обучения к здоровому образу жизни.

Очень важным становится выстраивание алгоритмов всей педагогической деятельности в вузе. Освоив алгоритмы, педагоги научились успешно планировать различные направления здоровьеориентированной деятельности, представлять ее конечный результат, осуществлять промежуточный контроль.

Литература:

1. Иванова Л.А., Николаева И.В., Шиховцов Ю.В., Сущность и педагогические условия применения личностно-ориентированного обучения в вузе. Монография – Самара СГЭУ: 2013г.

2. Удовиченко О. В., Педагогические технологии формирования здорового образа жизни студенческой молодежи //О повышении роли физической культуры и спорта в развитии личности студентов. Материалы докладов конференции (17-18 ноября 2011года) – Казань , 2011.

Мальцева Е.В.

аспирант кафедры социально-культурной деятельности, старший преподаватель кафедры информатики Челябинской государственной академии культуры и искусств, e-mail: maltsevaev@chgaki.ru

ОСНОВНЫЕ ДЕТЕРМИНАНТЫ РАЗВИТИЯ АУДИОВИЗУАЛЬНОЙ КУЛЬТУРЫ СТУДЕНЧЕСКОЙ МОЛОДЕЖИ В УСЛОВИЯХ КЛУБНОГО ОБЪЕДИНЕНИЯ

При изучении процесса развития аудиовизуальной культуры студенческой молодежи в условиях клубного объединения в научном исследовании необходимо рассмотреть генезис понятия, тенденции, функциональные зависимости, взаимосвязи этого процесса с предметной областью и его объектами, выделить основные детерминанты его дальнейшего преобразования.

Рассматривая в своем исследовании развитие аудиовизуальной культуры студенческой молодежи в условиях клубного объединения, выделим следующие детерминанты, обуславливающие ход этого процесса.

Развитие аудиовизуальной культуры студенческой молодежи в условиях клубного объединения осуществляется в соответствии с современными тенденциями информационной культуры общества. Суть этого детерминанта состоит в том, что современная культура молодежи строится на тенденциях общественного развития и традициях, заложенных в результате этого процесса.

Модернизация общества в целом ведет к модернизации отдельных ее аспектов. Так рассматривая процесс информатизации в современном мире, нельзя не остановить свое внимание на информатизации высшего образования и сферы культуры и искусства. В соответствии с Федеральными целевыми программам «Развитие образования (на 2011-2015 гг.)» и «Культура России (на 2012-2018 гг.)» в вузах культуры и искусства ведутся работы по приведению содержания и структуры профессионального образования в соответствие с потребностями рынка труда в условиях информационного общества; информатизации этих отраслей; увеличению количества учреждений культуры, имеющих свой информационный портал; переводу в аудиовизуальный формат и внесению в электронную базу объектов культурного наследия и др.

Как отмечает С. В. Буцык [1] в образовательный процесс большинства вузов культуры и искусства уже вошли мультимедийная и интерактивная поддержка учебного процесса, автоматизированные системы управления информационными потоками, информационная поддержка работы учреждения через информационные порталы и специализированные web-сайты и др.

Не остается в стороне от этой тенденции и внеучебная социокультурная деятельность высших учебных заведениях – создаются клубные молодежные объединения, включающие в процесс своей деятельности аудиовизуальные средства, технологии. Нередко встречается, что творческим полем клубных объединений становятся новые аудиовизуальные направления искусства такие, как видеоарт, 3D-видеомэппинг и др.

Анализируя последнее понятие в своем исследовании, рассмотрев потенциал данного явления в социокультурной деятельности и определив его соотношение с понятиями «технология» и «искусство» [4], под *3D-видеомэппингом* мы будем понимать интеграцию видеоискусства и 3D-технологий, представляющую собой 3D-проекцию на физический объект окружающей среды с учетом его геометрии и местоположения в пространстве, при художественной модификации которой с помощью аудиовизуальных средств у зрителя возникает аудиовизуальная иллюзия.

Укрепление и развитие педагогического потенциала таких клубных объединений в социокультурном пространстве вуза, а особенно в вузах культуры и искусства, ведет к развитию аудиовизуальной культуры студенческой молодежи, повышению уровня эстетического восприятия реальности и искусства, аудиовизуальной коммуникации.

Следующим детерминантом выступает тот факт, что *развитие аудиовизуальной культуры студенческой молодежи наиболее благоприятно осуществляется в условиях клубного объединения.* Основой этого детерминанта являются психолого-педагогические и информационно-образовательные возможности клубного объединения в реализации поставленной цели.

Как говорит Ю. А. Стрельцов содержание работы клубного объединения не должно дублировать деятельность образовательных заведений, центров массовой коммуникации. Общественная ценность клубной работы возрастает, если мы находим своеобразный подход к традиционному предмету или затрагиваем вопросы, которые другие образовательные и просветительные институты не уделяют достаточного внимания[6]. Рассматриваются два направления деятельности клубного объединения – информационное и образовательное. Информационная работа клубного объединения 3D-видеомэппинга состоит в оперативном ознакомлении студентов с наиболее популярными и современными тенденциями в области искусства и информационных технологий и их взаимосвязи. В образовательную же составляющую входит распространение систематизированных знаний, воззрений, массовая популяризация новых направлений аудиовизуального искусства, которые не представлены в образовательном стандарте.

Еще одним важным аспектом в данном вопросе является то, что в работе клубного объединения учитывается уровень интеллектуального развития студентов, индивидуальные особенности восприятия, задатки, способности, склонности и пр. Основной образовательной целью является пополнение запаса знаний и формирование на этой основе новых понятий. В процессе восприятия новой информации происходит сопоставление вновь полученных сведений со старыми, приведение их в единую взаимосвязанную систему, что при индивидуальном подходе ведет к эффективному воздействию на сознание студента.

Гармоничное соотношение информационно-образовательной работы клубного объединения и учет индивидуальных особенностей будет способствовать развитию когнитивного компонента аудиовизуальной культуры молодежи.

В соответствии с законом целостности человек воспринимает в клубном объединении не только специально организованное педагогическое воздействие, но и фиксирует также целый ряд сопутствующих и побочных аспектов. Студенты анализируют целостный образ проекта, в который вносят свой вклад, и наряду с содержанием обращают внимание на звуко-зрительные пространственно-временные преобразования и аудиовизуальные иллюзии. На эмоциональном восприятии комплекса звуковых и зрительных контрастов строятся психолого-педагогические особенности работы клубного объединения 3D-видеомэппинга, способствующие развитию эмоционально-эстетического компонента аудиовизуальной культуры студенческой молодежи.

Посещение клубного объединения носит добровольный характер, поэтому непосредственный интерес к тому, что там происходит, является первостепенным стимулом включения в процесс работы клуба. В связи с включением аудиовизуальных средств выразительности во многие сферы жизнедеятельности человека и нарастанием популярности современных направлений аудиовизуального искусства, интерес к этим явлениям охватывает интеллектуальную, эмоциональную и волевую сферу личности и становится довольно мощным фактором познавательной деятельности в данном направлении. Таким образом, мотивационный компонент аудиовизуальной культуры студенческой молодежи находит свое отражение в условиях работы клубного объединения.

Психолого-педагогические и информационно-образовательные аспекты специфики клубного объединения, добровольный характер включения и учет индивидуальных особенностей студентов, отличающие его от образовательной деятельности вуза, способствуют развитию различных компонентов аудиовизуальной культуры студенческой молодежи.

Третий детерминант – *развитие аудиовизуальной культуры студенческой молодежи в условиях клубного объединения находится во взаимосвязи с формированием основных профессиональных компетенций.* Он указывает на тот факт, что досуговая деятельность студентов зачастую совпадает с их будущими профессиональными интересами, в связи с ведущим видом деятельности в этот период – учебно-профессиональным.

Желание самореализоваться и определиться с выбором профессии, востребованной в информационном обществе, побуждает приобретать новые знания, приобщаться к современным направлениям информационного развития общественной и культурной жизни, ориентироваться на профессии, пользующиеся на рынке труда определенным спросом. Определяясь с направлением будущей профессиональной деятельности, студенческая молодежь опирается на свои стремления, цели и жизненные планы, соединяя в выбранном направлении свои увлечения и интересы с востребованностью в условиях рыночной экономики. Таким образом, зачастую внеучебная работа, досуговая деятельность студентов совпадает с их будущими профессиональными интересами, открывая иные масштабы личностного креатива и дополняя выбранную специализацию разноплановыми аспектами реализации. Иными словами, они готовы к восприятию информации по направлениям, затрагивающим их познавательный интерес, с помощью разнообразных видов деятельности.

Говоря о клубных объединениях 3D-видеомэппинга, можно проследить развитие профессиональных компетенций студентов в процессе создания видеоинсталляций. Так видеопроекция представляет собой авторское режиссерское видение выбранной проблемы. Происходит процесс взаимодействия и взаимопроникновения социокультурных процессов, происходящих в клубном объединении, с профессиональным становлением будущих режиссеров и информатиков, входящих в его состав. На личностном уровне происходит процесс перехода к самовыражению и самореализации на основе художественного опыта, имеющихся креативных ресурсов, творческих интересов, связанных с аудиовизуальной деятельностью, что имеет личностно-значимый результат и способствует культуротворческому становлению личности в процессе аудиовизуального развития, способствующему профессиональному росту студентов.

Еще один детерминант – *функции деятельности в клубном объединении 3D-видеомэппинга не противоречат реализации основных функций социально-культурной деятельности вуза.* Отметим, что функции клубного объединения 3D-видеомэппинга находят свое отражение в различных аспектах социально-культурной деятельности в вузе и творческой самореализации ее участников.

Проведенный теоретический анализ исследований социально-культурной деятельности позволил выделить основные ее функции [3, 96], которые на наш взгляд, находят свое отражение и в клубном объединении 3D-видеомэппинга:

– *коммуникативная* (охватывает информационное взаимодействие как множества людей и групп в вузе при создании и реализации мультимедийного шоу с помощью 3D-видеомэппинга, так и межличностное взаимодействие внутри клубного объединения);

– *информационно-просветительная* (обеспечивает более полное удовлетворение разнообразных индивидуальных досуговых и познавательных интересов, запросов и предпочтений студенческой молодежи в условиях глобальной информатизации и смены ориентиров);

– *культурно-творческая* (связана с активной творческой деятельностью создателей инсталляций, так как 3D-видеомэппинг – это направление аудиовизуального искусства);

– *рекреативно-оздоровительная* (предусматривает организацию досуга с помощью игровых и развлекательных программ, целью которых является создание среды для регулярного, неформального общения людей, проведения зрелищных мероприятий).

Так, наряду с такими специфическими функциями этого направления клубных объединений, как функция эстетизации, эмоционально-зрелищная и трансляционная функции [5], деятельность клуба 3D-видеомэппинга находит свое отражение в социокультурном пространстве вуза, полностью соответствуя функционально.

Еще одним фактором, обуславливающим развитие аудиовизуальной культуры, выступает – **выстраивание перспектив саморазвития и самореализации в клубном объединении.** Особенностью последнего детерминанта является использование студенческой молодежью своего свободного времени для собственного культурного саморазвития и социокультурной самореализации.

Под саморазвитием понимается процесс целенаправленной деятельности личности по непрерывному самоизменению, сознательному управлению своим развитием, выбор целей, путей и средств самосовершенствования сообразно жизненным установкам [2, 23].

И. Б. Сенновский и П. И. Третьяков, определяют следующие структурные компоненты саморазвития студентов: рефлексивный; самопознания; самоопределения; саморегулирующий и самореализации, которые определяют направленность и динамику саморазвития, уровень зрелости личностных компонентов [7, 30].

Студентам в клубном объединении 3D-видеомэппинга представлена возможность практической проверки приобретенных знаний, реализации собственных творческих аудиовизуальных проектов (авторского режиссерского замысла, построения отдельных сцен, выбора средств выразительности и общей концепции). Студенческая молодежь в ходе творческого самовыражения имеет возможность участия в различных конкурсах по направлению новых аудиовизуальных искусств, массовых мультимедийных мероприятиях, а также научных грантах, что повышает их уровень саморазвития и самоанализа.

Тем самым, деятельностно-творческий компонент аудиовизуальной культуры студенческой молодежи обретает новые черты своей реализации.

Итак, основными детерминантами развития аудиовизуальной культуры студенческой молодежи в условиях клубного объединения, выступают:
 – современные тенденции информационной культуры общества;
 – благоприятные условия клубного объединения;
 – взаимосвязь с формированием основных профессиональных компетенций;
 – непротиворечивость функций деятельности в клубном объединении 3D-видеомэппинга и реализации основных функций социально-культурной деятельности вуза;
 – выстраивание перспектив саморазвития и самореализации.

Литература:

1. Буцык, С. В. Сравнительный анализ уровня информатизации вузов, подведомственных министерству культуры РФ (за период 2005-2011 гг.) [Текст] / С. В. Буцык, О. П. Неретин, А. В. Суконкин // Вестник Челябинской государственной академии культуры и искусств. – 2012. – №3.– С. 8–18.
2. Власова, Е. А. Профессиональное саморазвитие будущих социальных педагогов: монография / Е. А. Власова. — Балашов: Николаев. – 2008. – 116 с.
3. Киселёва, Т. Г. // Социально-культурная деятельность [Текст]: учебник/ Т. Г. Киселёва, Ю. Д. Красильников. – М. : МГУКИ, 2004. – 539 с.
4. Мальцева, Е. В. 3D-видеомэппинг – направление аудиовизуального искусства или технология аудиовизуального творчества? [Текст] / Е. В. Мальцева, С. В. Буцык // Информационные ресурсы России. – 2013.– № 2. – С. 33–36.
5. Мальцева, Е. В. Особенности соотношения функций новых информационных технологий и социально-культурной деятельности, [Текст] / Е. В. Мальцева // Вестник Челябинской государственной академии культуры и искусств. – 2013. – №1.– С. 34–37.
6. Стрельцов, Ю.А. Свободное время и развитие социокультурной деятельности [Текст] / Стрельцов Ю.А. // Вестник Челябинской государственной академии культуры и искусств. – 2007.– № 2. – С. 166–175.
7. Третьяков, П. И. Технология модульного обучения в школе [Текст] практико-ориентированная монография / П. И. Третьяков, И. Б. Сенновский, // М. : Новая школа. – 2001. – 352 с.

Политические науки

Морозова Н.М.
аспирант кафедры международных отношений и политологии
НГЛУ им. Н.А. Добролюбова г. Н. Новгород

ЦЕЛЕВЫЕ ПРОГРАММЫ КАК ЭЛЕМЕНТ РЕАЛИЗАЦИИ НАЦИОНАЛЬНОЙ ПОЛИТИКИ

Целевые программы выступают одним из элементов механизма управления этноконфессиональными процессами в субъектах РФ. Это адресный документ, направленный на решение региональных проблем, в котором взаимосвязаны все задания и мероприятия по целям, ресурсам, исполнителям и срокам [1].

Целевые программы классифицируются следующим образом:
- по срокам реализации: краткосрочные; среднесрочные; долгосрочные.
- по статусу: федеральные; межрегиональные; региональные; муниципальные.
- по назначению: комплексные; проблемные.
- по направленности: экономические; социальные; экологические; национально-культурные; специальные и т.д.
- по механизмам реализации: конкурсные; заказные. [2]

В данной статье предлагаем рассмотреть ряд целевых программ, реализуемых в Чувашии в области межнациональных отношений и проанализировать эффективность их воплощения.

Одной из важнейших проблем, находящейся под пристальным вниманем федерального центра является профилактика терроризма и экстремизма в стране. Чувашия в этом плане является достаточно спокойным регионом Приволжского федерального округа и не выделяется на фоне других субъектов. Тем не менее в регионах страны, в том числе и в Чувашии реализуется региональная целевая программа «Профилактика терроризма и экстремистской деятельности в Чувашской Республике на 2012-2015 годы», с бюджетом 10432,0 тыс. рублей. [3] В ее рамках запланировано ряд мероприятий:

- проведение социологических исследований по изучению состояния межнациональных и межконфессиональных отношений в Чувашской Республике;
- подготовка и проведение лекций по профилактике экстремизма;
- организация «круглых столов», конференций, семинаров, совещаний по вопросам патриотизма и толерантности, достижения согласия;
- осуществление взаимодействия с руководителями национальных общественных объединений и лидерами диаспор Чувашской Республики [4] и т.д.

Актуальность данного проекта обусловлена ростом зафиксированных преступлений экстремистского характера – в период с 2009 по 2011 гг. количество уголовных дел экстремистского толка возросло в 2,5 раза [5]. Несмотря на меры, проводимые в рамках реализации программы, на лицо динамика роста правонарушений: в 2011 г. было зафиксировано 12 преступлений экстремистской направленности, в 2012 г. их количество снизилось до 8 [6], а к маю 2013 г. с начала года, по сообщению прокуратуры Чувашии, уже было выявлено более 120 нарушений подобного рода [7], местом распространения идей данной направленности, в основном, является Интернет. Причем виртуальной сетью пропагандисты не ограничиваются. По сообщениям СМИ в августе 2013 г. в некоторых населенных пунктах Чувашии стали появляется представители религиозно-экстремистских организаций «Джамаат таблиг» и «Хизб ут-Тахрир», агитирующие местное население к принятию ислама [8], и способные дестабилизировать политическую обстановку в регионе, обострить межнациональные отношения. Основное внимание при этом направлено на молодежь, как более «податливый» материал для идеологического «строительства», наиболее чутко воспринимающий и развивающий «нужные» идеи. Этим объясняется тот факт, что целевой аудиторией, на которую направленны программы по профилактике терроризма и экстремизма, является именно подрастающее поколение. Динамика увеличения количества нарушений и преступлений экстремистского толка может отражаться на состоянии межэтнических отношений в регионе.

В республике Чувашия в целях поддержки национальной культуры, обеспечения условий для эффективного развития и модернизации системы образования в сфере культуры и искусства, обеспечения сохранности культурных ценностей, их пополнения и обеспечения доступа к ним граждан, гармонизации межнациональных и межконфессиональных отношений, создания условий для сохранения культур народов, проживающих в Чувашской Республике, как целостной системы духовных ценностей общества реализуется программа «Культура Чувашии: 2010–2020 годы». Общий объем финансирования программы составляет 5146312,2 тыс. рублей [9]. В ее рамках обозначено 6 подпрограмм:

I. «Развитие культуры и искусства в Чувашской Республике»

II. «Развитие художественного образования и поддержка молодых дарований в Чувашской Республике»

III. «Реализация Концепции государственной национальной политики Российской Федерации в Чувашской Республике»

IV. «Культурное наследие в Чувашской Республике»

V. «Развитие архивного дела в Чувашской Республике»

VI. «Средства массовой информации, полиграфия и книгоиздание в Чувашской Республике» [10].

Программа «Культура Чувашии: 2010–2020 годы» представляет собой логическое продолжение программы «Культура Чувашии 2006-2011», на которую было потрачено порядка 77,6 млн. рублей [11].

Общими для многих национальных республик являются программы по поддержке национальных языков. В Чувашии осуществляется целевая программа «О языках в Чувашской Республике» на 2013–2020 годы», бюджет которой составляет 16875,9 тыс. рублей [12]. Ей предшествовала республиканская программа по реализации закона Чувашской республики «О языках в Чувашской Республике» на 2003 – 2007 гг. и на период до 2012 г. На реализацию мероприятий в ее рамках было запланировано 194422,4 тыс. рублей [13]. Приоритетной задачей обозначено распространение и упрочнение общественных функций двух государственных языков Чувашской Республики – чувашского и русского.

В Чувашии этнолингвистический фактор не оказывает столь сильного влияния на развитие межэтнических отношений, не обостряет их, как это происходит, к примеру, в Татарстане. Отмечается обратная тенденция – сокращение предметов, преподающихся на чувашском языке, в сельской местности, по большей части, его изучают как предмет [14]. Это, в свою очередь, провоцирует националистов, считающих, что в республике не соблюдается принцип равенства языков, чувашский язык остается второстепенным [15] и выступает инструментом в распространении идей подобного толка. Так в августе 2012 г. статья Алексея Кудрина «Покажи мне свой язык, и я скажу — кто ты» была признана экстремистской [16]. Журналист назвал ситуацию, сложившуюся в Чувашии в языковой сфере, «шовинизмом со стороны русскоязычного населения», отстаивал идею о несоответствии чувашского языка статусу, закрепленному в Конституции региона [17].

По итогам переписи 2010 г. в Чувашии доля жителей, владеющих русским языком выше, чем владеющих чувашским - 98,1% и 80,8% соответственно [18,108].

Приведенные факты свидетельствуют о существовании проблем в сфере межэтнических отношений в Чувашии, требующих внимания со стороны региональной и федеральной власти.

Данный вывод был подтвержден в ходе экспертного опроса, проводившегося в пяти регионах Приволжского федерального округа (Татарстане, Башкирии, Чувашии, Мордовии и Нижегородской области). В Чувашии было опрошено семь экспертов (общее количество экспертов – 30), большинство из которых поставило лишь «удовлетворительную» оценку по итогам реализации целевых программ в области межнациональных отношений.

Это отнюдь не говорит о том, что сами мероприятия и программы являются недейственными. Целевые программы заключают в себе значительный потенциал для создания благоприятных условий распространения толерантности и уважения к традициям народов, нивелирования противоречий в сфере межнациональных взаимодействий.

В данном случае, на наш взгляд, вопрос заключается не в их сущности, а в воплощении. Нерешенные проблемы и противоречия, сохраняющиеся в межнациональной коммуникации, становятся следствием «поверхностного подхода» к реализации программ и формальных отчетов об объемах проделанной работы.

Литература:

1. Анисимов П. Ф. Регионализация среднего профессионального образования (вопросы теории и практики) [Электронный ресурс]– Режим доступа: http://do.gendocs.ru/docs/index-180403.html?page=8
2. Классификация целевых программ (федеральная комплексна целевая программа) [Электронный ресурс] – Режим доступа: http://схемо.рф/shemy/yurisprudencija/sistema-municipalnogo-upravlenija-pod-red-v-b-zotova-piter-2007-g/127.html.
3. Республиканская целевая программа «Профилактика терроризма и экстремистской деятельности в Чувашской Республике на 2012-2015 годы» [Электронный ресурс] – Режим доступа: http://rudocs.exdat.com/docs2/index-584995.html
4. Приложение № 2 республиканской целевой программы «Профилактика терроризма и экстремистской деятельности в Чувашской Республике на 2012-2015 годы» [Электронный ресурс] – Режим доступа: http://www.pandia.ru/text/77/151/5861.php
5. Там же
6. На коллегии прокуратуры Чувашской Республики подведены итоги работы за 2012 год [Электронный ресурс] – Режим доступа: http://www.chuvprok.gov.ru/news.php?id=2283072
7. Экстремизм идёт из интернета: совещание в Чувашии [Электронный ресурс] – Режим доступа: http://www.regnum.ru/news/fd-volga/chuvashia/1662468.html
8. В татарских деревнях Чувашии стали появляться экстремисты [Электронный ресурс] – Режим доступа: http://newsland.com/news/detail/id/1223274/
9. Республиканская целевая программа «Культура Чувашии: 2010-2020 годы» [Электронный ресурс] – Режим доступа: http://do.gendocs.ru/docs/index-150215.html
10. Там же
11. Об итогах работы Министерства культуры, по делам национальностей, информационной политики и архивного дела Чувашской Республики и подведомственных организаций в I полугодии 2009 года. [Электронный ресурс] – Режим доступа:

http://gov.cap.ru/list2/view/02SV_SPEECH_OV/form.asp?id=7652&pos=3&GOV_ID=12
12. Республиканская целевая программа по реализации закона чувашской республики «О языках в чувашской республике» на 2013–2020 годы [Электронный ресурс] – Режим доступа: http://www.regionz.ru/index.php?ds=1833417
13. Республиканская программа по реализации закона Чувашской республики «О языках в Чувашской Республике» на 2003 – 2007 гг. и на период до 2012 г. [Электронный ресурс] – Режим доступа: http://nasledie.nbchr.ru/upload/pdf/yaz_prog.pdf
14. Чувашский язык должен сохраниться и развиваться [Электронный ресурс] – Режим доступа: http://znamya-truda.ru/index.php/obshestvo/2346-chuvashskij-jazyk-dolzhen-sohranitsja-i-razvivatsja
15. Статус чувашского языка [Электронный ресурс] – Режим доступа: http://forum.chuvash.org/cgi-bin/ikonboard.cgi?act=ST;f=2;t=84;&#top
16. В газете «Взятка» Верховный суд Чувашии обнаружил признаки экстремизма [Электронный ресурс] – Режим доступа: http://synews.ru/chuvashia/3679-v-gazete-vzjatka-verkhovnyjj-sud-chuvashii.html
17. Там же
18. Межэтнические и межконфессиональные отношения в Приволжском федеральном округе. Экспертный доклад/ под ред. В.А. Тишкова, В.В. Степанова. Москва. Ижевск. 2013. С.108

Александрова М.И.
аспирант, ассистент кафедры мировой экономики и международных отношений института международного бизнеса и экономики, ФГБОУ ВПО Владивостокский государственный университет экономики и сервиса

ОБРАЗ КИТАЯ В ОБЩЕСТВЕННОМ СОЗНАНИИ АМЕРИКАНЦЕВ

Образ Китая, существующий в общественном сознании американцев, оказывает непосредственное влияние на формирование внешнеполитических приоритетов США в отношениях с Китаем и с третьими странами.

Одной из категорий, характеризующих жизнь общества, является категория общественного сознания. В самом общем смысле общественное сознание - духовная жизнь общества, представляющая собой знания, накопленные историей, политические и правовые идеи, достижения искусства, мораль, религию, общественную психологию, которые являются отражением общественного бытия [1].

В свою очередь общественное сознание можно разделить на массовое и элитарное. Под элитарным сознанием понимается сознание политиков-практиков, политиков-теоретиков, представителей академических кругов, экспертов, консультантов, функцией которого является осуществление социального и интеллектуального руководства общества; формирование концепции его стратегического развития и выработка средств, обеспечивающих защиту общества от разрушающих его потрясений [2]. Массовое сознание представляет собой общественное сознание масс (классов, социальных групп) конкретного общества отражающее условия их повседневной жизни, потребности, интересы. Состояние массового сознания выражают общественное мнение, настроения и действия масс [3].

На формирование образа Китая в американском сознании влияют ценности, которые разделяются большинством американских граждан. В структуру «идейных основ внешнеполитического менталитета американцев» включены следующие элементы: понятие «американская мечта», концепция «американской исключительности», превосходства, миф о «явном предначертании» или «предопределении судьбы», вытекающая из этого идея «мессианства» и концепция Pax Americana [4], которые не сочетаются с китайскими ценностными установками, формируемыми коммунистической идеологией.

По мнению известного российского политолога-американиста А.Д. Богатурова, уверенность в превосходстве – первая и, возможно, главная черта американского мировидения. Кроме этого, присущей чертой является уверенность в том, что демократия остается вселенской идеологией, по-прежнему притязающей на победу во всемирно-историческом масштабе. Поэтому для общества является враждебной уже само существование другой идеологии, а тем более воплощение политики, которая не соответствует интересам США [5].

Американцы и китайцы живут на одной планете, но имеют различные «дорожные карты». Там, где американцы видят демократию, китайцы видят хаос. Где американцы видят репрессии, китайцы видят общественный порядок и стабильность [6].

В целом, представители как элитарного, так и массового сознания, считают, что наличие тесных взаимоотношений с Китаем является благоприятным для США. Однако в то же время около двух третьих в обеих группах высказались свою обеспокоенность растущим влиянием Китая в мире. Показательным является то факт, что Китай (23%) находится на втором месте после Ирана в рейтинге стран, воспринимаемыми американцами в качестве главного врага США [7].

Результаты опроса, проведенного институтом Гэллапа – Американским институтом общественного мнения, - в период с 7 по 10 февраля этого года показывают существенную разницу в отношениях двух основных партий США Республиканцев и Демократов к Китаю. На начало 2013 года 52% демократов выразило благоприятное мнение о Китае и лишь 32% республиканцев придерживались такого же мнения. Различия в партийном отношении к Китаю могут быть результатом демографического различия между представителями партий, в частности, тот факт, что «небелых» - многие из которых являются потомками семей недавно иммигрирующих в США латиноамериканцев и азиатов – больше среди населения продемократической ориентации, в то время как Республиканская партия состоит больше из «белых», которые могут иметь более продолжительные и тесные связи с США и в меньшей степени связаны с другими странами [8].

США, как наиболее развитая страна информационного века, где велико влияние СМИ, по праву считаются, главным создателем концепции и технологии манипуляции массовым сознанием. Следовательно, можно выделить еще одну особенность массового сознания американцев - подверженность влиянию СМИ [9]. Авторитетный американский исследователь Дж. Гэллап сделал вывод о том, что общественное мнение практически полностью определяется сообщениями средств массовой информации и публичными заявлениями политических лидеров. Эту точку зрения уточняет Дж. Розенау: в вопросах внешней политики «изготовителем», или «заказчиком» общественного мнения являются федеральные должностные лица, а СМИ здесь скорее выступают в качестве проводника того или иного курса [10].

СМИ США публикуют материалы о различных сторонах экономической, политической, социальной и культурной жизни Китая. Языковое воздействие может осуществляться не только на уровне предложения и его непосредственного контекста, но и с помощью определенной тематической подачи информации в дискурсе СМИ [11].

Опросы общественного мнения призваны выявить влияние СМИ на формирование образа Китая в общественном сознании американцев. Так опрос, проведенный американской газетой «New York Times» в 1989 г., показал, что лишь 4% из опрошенных считают Китай самым важным экономическим партнером США и лишь 6% считали Китай крупнейшим экономическим соперником США [12]. Проследить, как почти за 15 лет изменилось восприятие Китая, с точки зрения экономического развития можно обратившись к опросу, проведенному с 7 по 10 февраля 2013 года, уже упомянутым, институтом Гэллапа. На начало 2013 года лишь 32% респондентов назвали США лидирующей экономической державой, в то время как за Китай свой голос отдали 53% опрошенных. Если говорить о возрастной структуре опрошенных, необходимо обратить внимание на то, что среди людей старше 65 лет, в отличие от молодежи и людей средних лет, преобладает мнение о главенствующей роли США. Это можно объяснить тем, что молодость и основная часть жизни тех людей, кому сейчас 65 лет и более приходилась как раз на бурное экономическое развитие и процветание США [13].

По мнению американцев, основными барьерами на пути построения стабильных и тесных отношений являются: отсутствие доверия, возрастающая потребность в природных ресурсах, различия в политических системах, культурные различия, рост влияния в Азии, поддержка и продажа оружия Тайваню, а также положение прав человека в Китае.

Другим важным барьером для американо-китайских отношений может служить американское восприятие Китая как военную угрозу. Около половины американского общества 51% и 60% лидеров общественного мнения говорят о растущей военной угрозе Китая, представляющей опасность для национальной безопасности США [14].

Восприятие Китая в массовом сознании американцев не является объективным отражением происходящих в Китае процессов, напрямую зависит от стереотипов американского поведения, сообщений прессы, а также зависим от существующих барьеров в отношениях между государствами. Многослойный характер американо-китайских взаимоотношений формирует сложный образ Китая. Невозможно с полной уверенностью заявить о негативном или позитивном восприятии КНР американской элитой. Представители американской общественности в контексте возможного доминирования Китая в мировых делах в новом веке, несмотря на все сложности и противоречия, отмечают высокую необходимость в выстраивании многосторонних отношений с Китаем, формируя образ Китая как трудного, но всё-таки незаменимого партнера.

Литература:

1. Некрасова Н.А., Некрасов С.И., Садикова О.Г. Тематический философский словарь: Учебное пособие. / Н.А. Некрасова, С.И. Некрасов, О.Г. Садикова – М.: МГУ ПС (МИИТ), 2008. - 164 с.

2. Кальной И.И., Сандулов Ю.А. Философия для аспирантов: Учебник / Под ред. И.И. Кального. 3-е изд., стер. – СПб.: Издательство «Лань», - 2003. – 512 с. (Учебники для вузов. Специальная литература.)

3. Философский энциклопедический словарь / ред. – сост. Е.Ф. Губский – М.: Инфра–М, - 2003. – 574 с.

4. Кузнецов Д.В. Внешнеполитический менталитет современных американцев, его структура и проявления на уровне массового сознания / Д.В. Кузнецов. - [Электронный ресурс]. - 2013. - Режим доступа: http://kuznetsov.ucoz.org/publications/vneshnepoliticheskij_mentalitet.pdf

5. Богатуров А.Д. Истоки американского поведения / А.Д. Богатуров // Россия в глобальной политике. – 2004. – № 6. – С. 6.

6. Douglas G. Spelman. The United States and China: Mutual Public Perceptions. [Электронный ресурс]. Режим доступа: http://www.wilsoncenter.org/sites/default/files/KICUS_Mut_Pub_Perc_WEB.pdf

7. Gallup Politics. February 20, 2012. Americans Still Rate Iran Top U.S. Enemy. - [Электронный ресурс]. – 2012. - Режим доступа: http://www.gallup.com/poll/152786/americans-rate-iran-top-enemy.aspx Дата обращения: 2.05.2013

8. Gallup Politics. March 21, 2013. Democrats, Republicans Differ Most on Views of Cuba, Israel. [Электронный ресурс]. Режим доступа: http://www.gallup.com/poll/161450/democrats-republicans-differ-views-cuba-israel.aspx

9. Кара-Мурза С.Г. Манипуляция сознанием / С.Г. Кара-Мурза - М.: Алгоритм, - 2004. - 528 с.

10. Скобёлкина О. В. Особенности американского общественного мнения по вопросам внешней политики // Материалы научно-практической конференции «Дни науки - 2005». Днепропетровск, 2005. С. 29-32.

11. Сорокина О.Н. Тематическая структура масс-медийного дискурса США о Китае / О.Н. Сорокина // Вестник Поморского университета. Серия «Гуманитарные и социальные науки». – 2011. № 5. – С. 96-101.

12. Рябцева М. К. Опросы общественного мнения как источник по исследованию массового сознания США [Электронный ресурс]. Режим доступа: http://www.usinfo.ru/oniimy62.htm

13. Gallup Economy. February 26, 2013. In U.S., Majority Still Names China as Top Economic Power. [Электронный ресурс]. Режим доступа: http://www.gallup.com/poll/160724/majority-names-china-top-economic-power.aspx

14. Gallup. April 17, 2012. Americans See Benefits of Close U.S.-China Relations. [Электронный ресурс]. Режим доступа: http://www.gallup.com/poll/153911/Americans-Benefits-Close-China-Relations.aspx

Коржов С.И. - профессор, доктор с.-х. наук
Трофимова Т.А. - доцент, кандидат с.-х. наук
Воронежский государственный аграрный университет имени императора Петра I
Korzem@mail.ru

МИКРОБИОЛОГИЧЕСКАЯ АКТИВНОСТЬ ПОЧВЫ

Микроорганизмы играют решающую роль в создании почвенного плодородия. Они принимают участие в процессах разложения биомассы растений, синтеза и минерализации гумуса, создание водопрочной структуры почвы, в обеспечении элементами минерального питания растений и живых организмов почвы.

Познание закономерностей течения процессов, вызываемых комплексом почвенных микроорганизмов, позволяет найти ключ к решению проблемы стабилизации и расширенного воспроизводства плодородия черноземов.

Большой интерес в плане изучения воздействия антропогенных факторов на почвенную биоту, в частности применение разного рода удобрений, имеют исследования микробиологических процессов в почве, связанные с определенным этапом превращения органических и неорганических веществ в ней. Анализ активности физиологических групп микроорганизмов и их количественного соотношения дает представление о направленности биохимических процессов в почве.

Исследования по влиянию внесения соломы на биологические процессы в черноземе выщелоченном, и учет урожайности сельскохозяйственных культур проводили в многофакторном стационарном и микроделяночном опытах кафедры земледелия и отдела плодородия опытной станции Воронежского государственного аграрного университета в 1990-2006 годах.

Чередование культур в севообороте следующее: пар (чистый и сидеральный) - озимая пшеница - пропашные ($^1/_2$- сахарная свекла; $^1/_2$- кукуруза на силос) - ячмень.

Дозы удобрений применяемых в опытах обеспечивают вынос элементов питания на программируемый урожай кукурузы на силос и сахарной свеклы 45,0-50,0 т/га. Опыт был заложен в трехкратной повторности, размещение вариантов рендомизированное в один ярус. Размер делянок 44х10 м, площадь - 440 м^2. После расщепления пропашных культур, сахарной свеклы и кукурузы на силос, размер делянок составил 22х10=220 м^2, в том числе учетной делянки 15х8=120 м^2.

Анализ почвы и растений проводили по общепринятым методикам.

Запашка в почву соломы, как отдельно, так и совместно с зеленым удобрением, вызывает изменение ее свойств, в том числе и биологических, что ведет, в конечном счете, к изменению структуры комплекса почвенных микроорганизмов.

Внесение в почву свежего органического вещества в целом повышало ее биогенность в весенний период на 18,3-24,1 %.

Наибольшая численность микроорганизмов в этот период отмечалась на вариантах с внесением соломы озимой пшеницы по фону минеральных удобрений и комплексного внесения минеральных удобрений, донника, соломы и пожнивного сидерата горчицы сарептской.

Число микроорганизмов на данных вариантах увеличилось на 6,3 млн./г почвы. Обладая высокой биологической активностью, микроорганизмы, размножающиеся в почве за счет органического вещества мертвых растительных остатков, в значительной степени определяют почвенно-микробиологические условия роста растений. Их деятельностью обусловлено протекание в почве агрономически ценных процессов, таких, как трансформация гумусовых веществ, накопление элементов минерального питания и, прежде всего аммиака. Аммонифицирующие бактерии, на вариантах внесения соломы совместно с минеральными удобрениями и комплексной запашке соломы и сидератов превышали контрольный вариант на 5,7-51,4 %. А численность микроорганизмов ассимилирующих минеральные формы азота, на этих же вариантах превышала контроль на 9,1-66,3 %. Следует отметить, что первая группа микроорганизмов увеличивается от весны к осени, а у микроорганизмов, ассимилирующих минеральные формы азота пик численности, приходится на летний период (выметывание метелки у кукурузы). То есть, максимумы активности этих групп микроорганизмов не совпадают. Это связано с положением их в трофической цепи и со сменой микробных сообществ в агроценозе в процессе сукцессии.

За период от уборки предшественника до посева следующей культуры под действием почвенной микрофлоры, растительные остатки претерпевают значительные изменения. Содержание азота увеличивалось практически по всем вариантам, содержание углерода и калия снижалось, в динамике фосфора закономерностей не выявлено.

Вследствие различного химического состава внесенной органики увеличение количества микроорганизмов, на различных вариантах, происходило за счет различных групп. Зеленые удобрения в большей степени повышали активность азотфиксирующих микроорганизмов и грибов, солома - актиномицетов и целлюлозолитических бактерий, грибов и актиномицетов. Причем, среди целлюлозолитических микроорганизмов численность бактерий в 2-5 раз превышала другие группы. Это является показателем хорошо окультуренных плодородных почв. Совместное внесение трудно разлагаемых компонентов соломы с легкогидролизуемыми соединениями зеленых удобрений способствует более быстрому освоению этих органических веществ почвенными микроорганизмами и повышает скорость их минерализации. Так, с момента заделки соломы до посева кукурузы она разлагалась на 26 %, а смесь соломы и пожнивного сидерата на 54 %.

Установленный факт различной скорости освоения бактериями и грибами имеющегося в почве энергетического материала позволяет предположить, что этим свойством в большей степени объясняется присущее почвам состояние фунгистазиса. Это согласуется с тем, что при поступлении в почву органического вещества наблюдается одновременная вспышка размножения как бактериальной, так и грибной флоры, но численность последней всегда остается ниже. При этом, чем интенсивнее идут процессы разложения, тем выше эта разница. Поэтому для суждения о величине биогенности почвы можно пользоваться относительным показателем биогенности (ОП), отражающим количественное соотношение между бактериями и грибами. С увеличением биогенности растет и ее ОП.

Полученные результаты показывают, что органическое вещество, поступившее в почву, вследствие различного химического состава с различной скоростью подвергается микробному воздействию. Весной ОП имел максимальное значение на варианте комплексного внесения минеральных удобрений, донника, соломы, пожнивного сидерата и дефеката. Это связано со специфическим действием дефеката. Так как присутствие кальция в его составе задерживает деструкцию органического вещества почвенной микрофлорой. В течение вегетации культур содержание кальция уменьшается; вымывается по профилю почвы, расходуется на нейтрализацию физиологически кислых удобрений и т.д. и внесенная органика начинает интенсивно разлагаться. В соответствии с этим снижается и ОП.

На варианте запашки соломы озимой пшеницы по доннику и фону минеральных удобрений, в среднем за девять лет, отмечалось максимальное количество грибов и минимальное бактерий, что обусловило низкие темпы деструкции органического вещества. Так как биомасса донника к этому времени уже разложилась, а трудногидролизуемые соломистые остатки еще не в достаточной степени освоены почвенной микрофлорой. Увеличение ОП на данном варианте к осени указывает, что солома начала активно разлагаться комплексом почвенных микроорганизмов, среди которых бактерии занимали доминирующее положение.

Снижение скорости минерализации определило и более высокие показатели коэффициента иммобилизации на вариантах с внесением соломы озимой пшеницы. Высокое значение этого показателя на контрольном варианте мы связываем с вовлечением в процесс минерализации растительных остатков предшествующей культуры и гумусовых веществ почвы.

Богдан Н.Н.

к.с.н., доцент кафедры «Управление персоналом», Сибирский институт управления – филиал Российской академии народного хозяйства и государственной службы при Президенте Российской Федерации, Новосибирск
E-mail: bogdan-nn@mail.ru

Бушуева И.П.

аспирант кафедры «Управление персоналом», Сибирский институт управления – филиал Российской академии народного хозяйства и государственной службы при Президенте Российской Федерации, Новосибирск
E-mail: irina_lyarskaya@mail.ru

ПРОБЛЕМА ПРОФЕССИОНАЛЬНОГО РАЗВИТИЯ КАДРОВ ГОСУДАРСТВЕННОЙ ГРАЖДАНСКОЙ СЛУЖБЫ В ОТЕЧЕСТВЕННОЙ И ЗАРУБЕЖНОЙ ТЕОРИИ И ПРАКТИКЕ

Исследование проблемы профессионального развития государственных гражданских служащих предполагает необходимость всестороннего изучения подходов к определению самого понятия и его составляющих (профессионализм, развитие). Анализ публикаций по данной теме показывает, что содержание понятия «профессиональное развитие государственных служащих» определяется той концепцией (идеологией, мировоззрением), которая лежит в основе исследовательской позиции.

Профессионализм как одна из определяющих характеристик деятельности субъекта трудовой деятельности чаще всего привлекала психологов и именно здесь накоплен наибольший исследовательский опыт (работы А.Г. Ковалева, П.П. Платонова, В.Д. Шадрикова, А.К. Марковой, В.Г. Зазыкина, А.А. Деркача, В.М. Шепеля и др.). В рамках психологического, а позднее – психолого-акмеологического подходов – профессионализм, либо отождествляется с самой деятельностью и понимается как ее вид, требующий определенных знаний, умений и навыков, либо редуцируется к личности как определенная системная организация сознания, психики человека [2].

Проблеме профессионализма уделяют значительное внимание и социологи. Так, Т.Г. Калачева рассматривает профессионализм как характеристику качества деятельности и предлагает методику диагностики профессионализма и профессиональных установок [4].

Анализ работ по проблеме профессионализма в сфере государственной службы (Г.В. Атаманчук, Е.П., Ильин, А.А. Деркач, В.Г. Игнатов, В.Ф. Ковалевский, И.П. Литвинов, Е.В. Охотский, А.И. Турчинов, В.Ю. Фомичев и др.) показывает, что исследователи рассматривают профессионализм государственных служащих как объективно обусловленную категорию, раскрывающую основы механизма трудовой и интеллектуально-нравственной самореализации личности и делают акцент на том, что «профессионализм не может быть статичным, раз и на всегда установленное состояние, он должен постоянно обогащаться, совершенствоваться как социально-управленческая категория» [1].

Как правило, профессиональное развитие понимается как процесс нахождения или выражения (проявления) себя в профессии, имеющий в целом восходящий характер. В современных условиях существенно меняется содержание понятия «профессия». На первый план выступает не готовый набор профессиональных навыков, а способность человека «расти» в профессии, умение анализировать свой профессиональный уровень, «конструировать» четкие навыки, обнаруживать и осваивать новые знания и профессиональные зоны в соответствии с меняющимися требованиями рыночной ситуации.

Наряду с понятием «профессиональное развитие» исследователи часто используют как синонимичные понятия «профессиональный рост», «профессиональное (или чаще – служебно-должностное) продвижение». Профессиональный рост – это приращение профессиональных знаний, умений и навыков, признание результатов труда профессиональным сообществом, приобретение авторитета в конкретном виде профессиональной деятельности. Для продвижения необходимо развивать новые компетенции, которые не были задействованы прежде. Служебно-должностное продвижение (карьера, карьерный рост в традиционном понимании) – это расширение ответственности и полномочий, движение вверх, переход с одного уровня на другой. Карьерный рост более очевиден, чем профессиональный: во многих случаях именно продвижение по карьерной лестнице отмечается окружающими и считается престижным.

Таким образом, понятия «профессиональный рост» и «служебно-должностное продвижение» не являются синонимами. Если рассмотреть их в многомерном формате, то можно видеть, что они реализуются в разных плоскостях: карьерный рост – в вертикальной, а профессиональный – в горизонтальной.

Термин «профессиональное развитие» в последнее время активно используется в нормативных правовых актах, регламентирующих государственную гражданскую службу. Так, в Федеральном законе РФ от 27 июля 2004 г. № 79-ФЗ «О государственной гражданской службе Российской Федерации» одним из приоритетных направлений формирования кадрового состава гражданской службы обозначена «…профессиональная подготовка гражданских служащих, их переподготовка, повышение квалификации и стажировка в соответствии с программами *профессионального развития* гражданских служащих…».

В Указе Президента РФ от 28.12.2006 № 1474 «О дополнительном профессиональном образовании государственных гражданских служащих Российской Федерации» отмечена необходимость «...создания программ государственного органа по *профессиональному развитию* гражданских служащих...». А в «Государственных требованиях к профессиональной переподготовке, повышению квалификации и стажировке государственных гражданских служащих РФ» (утв. Постановлением Правительства РФ от 6 мая 2008 г. № 362) понятие дополнительного профессионального образования государственных гражданских служащих уточнено как образование, направленное на «...непрерывное *профессиональное развитие*» госслужащих Российской Федерации...».

В настоящее время в действующей «Федеральной программе «Реформирование и развитие системы государственной службы Российской Федерации» (утв. Указом Президента РФ от 10.03.2009 № 261) в качестве одной из целей программы указано «...формирование и реализации программ ... *профессионального развития* государственных служащих...», а среди ожидаемых результатов отмечены «...создание необходимых условий для *профессионального развития* государственных служащих...» и «...разработка и внедрение в государственных органах программ и индивидуальных планов *профессионального развития* государственных служащих...».

Таким образом, контекстный анализ документов показывает, что под профессиональным развитием государственных гражданских служащих понимается как процесс изменения качеств личности, так и результат повышения профессионализма, профессионального уровня.

Обобщение взглядов исследователей показывает, что процесс профессионального развития рассматривается с разных сторон, выделяются различные аспекты и составляющие.

Так, Ю.М. Локонова понимает под профессиональным развитием динамичный, системно-организованный процесс *становления специалиста как профессионала*. Профессиональное развитие рассматривается ею как часть общего процесса профессиональной социализации индивида и осуществляется, по мнению автора, путем профессионального обучения и непосредственного включения в реальную социальную практику. [5]

С.В. Дергачев развивает идею Ю.М. Локоновой, и конкретизирует понятие профессионального развития, вводя дефиницию «профессионально-квалификационное развитие», под которой понимает процесс приобретения, адаптации и реализации профессионально значимых качеств и способностей в служебной деятельности государственного гражданского служащего [2].

Еще один компонент профессионального развития выделяет П.Г. Сидоров – профессионально-должностное развитие как карьерный процесс в органах государственной службы. Профессионально-должностное развитие неразрывно связано с продвижением по службе, то есть качественные перемены в профессионально-должностном развитии персонала находят отражение в изменении статуса человека в организации и выражаются в форме его должностной карьеры.

Некоторые авторы (А.М. Абдурагимов, В.П. Соколов, В.И. Тихонова, А.А. Деркач) в своих работах вводят понятие «личностно-профессиональное развитие», основным источником которого считается профессиональное самоопределение, а движущей силой – противоречия между способностями, одаренностью личности, мотивацией достижений и требованиями конкретной профессиональной деятельности, нормативностью поведения человека.

Таким образом, понятие профессионального развития государственных служащих многогранно, в нем можно выделить:

1) профессионально-квалификационное развитие, связанное в основном с обучением государственных служащих, приобретением новых знаний и профессионального опыта;

2) профессионально-должностное развитие, связанное со служебно-должностным продвижением, поиском возможного использования специалиста в рамках отдельного государственного органа и в интересах всей системы государственного управления;

3) личностно-профессиональное развитие, понимаемое как динамический интегративный процесс, связанный с изменениями личностных и профессиональных характеристик, обеспечивающих самореализацию специалиста в служебной деятельности.

Отражение данных аспектов профессионального развития в виде граней пирамиды (рис.), на наш взгляд, показывает целостность и принципиальную неразрывность составляющих, и в то же время позволяет рассматривать каждую составляющую отдельно.

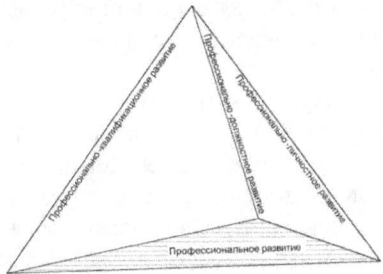

Рисунок – Составляющие профессионального развития

В современной практике управления кадрами нередко ставится знак равенства между профессиональным развитием и профессиональным обучением или один процесс подменяется другим. Однако, на наш взгляд, понятие «профессиональное развитие» шире, чем «профессиональное обучение». Профессиональное развитие подразумевает не только овладение индивидом специальными знаниями, навыками и умениями, приобретение профессионального опыта, но и развитие профессионально значимых личностных качеств. Между тем, профессиональное развитие часто включает в себя профессиональное обучение в какой-либо форме. Подтверждением этого является концепция развития Л.С. Выготского, разработанная им еще в 1934 году, согласно которой «...обучение ведет за собой развитие».

Профессиональное обучение – это устранение разрыва между тем, что служащий знает, и тем, что он должен знать, тогда как профессиональное развитие – это движение к совершенствованию профессиональных умений и навыков, всей личности профессионала.

В настоящее время обучение государственных служащих осуществляется в форме получения высшего профессионального образования по специальности/направлению «Государственное и муниципальное управление» (квалификация/степень бакалавра и магистра) и дополнительного профессионального образования (профессиональная переподготовка и повышение квалификации по соответствующим направлениям).

При этом на подготовку государственных гражданских служащих в настоящее время оказывают влияние изменения, произошедшие в системе профессионального образования в целом. Так, российские вузы, реализуя компетентностный подход к образованию, перешли на федеральные государственные образовательные стандарты высшего профессионального образования (ФГОС ВПО) третьего поколения. В этих стандартах акцент смещен с содержания образования на его результат: взамен существовавших ранее требований к минимуму содержания установлены требования к результатам освоения основной образовательной программы в форме компетенций, которые должны быть сформированы у обучающихся «на выходе».

Вступивший в силу в 2013 году Федеральный закон «Об образовании» внес коррективы в понимание всей структуры системы образования. Так дополнительное профессиональное образование теперь включает в себя такие подвиды, как «...дополнительное образование детей и взрослых и дополнительное профессиональное образование» (глава 2, ст. 10). То есть, дополнительное профессиональное образование становится видом (а не уровнем, как это было ранее) образования, которое направлено на всестороннее удовлетворение потребностей человека в интеллектуальном, духовно-нравственном, физическом и (или) профессиональном совершенствовании и не сопровождается повышением уровня образования. Изменения коснулись также и стажировки: она исключена из видов дополнительного профессионального образования и является одной из форм получения дополнительного профессионального образования.

Кроме того, утверждены Федеральные государственные требования к минимуму содержания дополнительных профессиональных образовательных программ профессиональной переподготовки государственных гражданских служащих (приказ Минобрнауки России от 29.03.2012 г.», что принципиально изменило подход к разработке учебных планов и программ. Если ранее учебные планы и учебно-методическое обеспечение профессиональной переподготовки составлялись на основе учебных планов образовательных программам высшего образования, то сегодня это отдельно разрабатываемые планы, построенные по модульному принципу. От образовательных программ профессиональной переподготовки требуется практическая направленность, ориентация на активные методы обучения, формирование в ходе обучения конкретных профессиональных компетенций.

Таким образом, современной тенденцией является реализация компетентностного подхода во всех формах профессионального обучения государственных гражданских служащих. Это позволяет рассматривать понятие профессионального развития как рост профессиональной компетентности, а профессиональное обучение как один из механизмов ее достижения.

Наряду со смешением понятий «профессиональное развитие» и «профессиональное обучение» в современной практике нередко встречается подмена понятий «профессиональное развитие» и «карьерный рост».

Между тем, осмысление современных подходов к управлению профессиональным развитием позволяет сделать вывод о том, что обучение является его условием, а карьера – результатом.

Однако до недавнего времени в законодательных актах по вопросам прохождения государственной службы термин «карьера» практически не употреблялся, вместо него использовалось выражение «служебно-должностное продвижение», что на наш взгляд, существенно сужает представление о карьере как современном феномене.

Понятие «карьеры» применительно к государственным гражданским служащим в нормативно-правовых актах стало применяться сравнительно недавно. В Федеральной программе «Реформирование и развитие системы государственной службы Российской Федерации (2009 - 2013 годы)» (утв. Указом Президента от 10.03.2009 № 261) указано, что необходимо создать «...условия для планирования устойчивого *карьерного роста* государственных служащих...», а также «...систему мотивации *карьерного роста* государственных служащих как важного условия прохождения государственной службы...». В Указе Президента от 07.05.2012 № 601 «Об основных направлениях совершенствования системы государственного управления» говорится о формировании кадровых резервов «...посредством подбора, подготовки и *карьерного роста* кандидатов...».

Как явствует из контекста приведенных документов, карьера государственного гражданского служащего соотносится преимущественно с вертикальной, имеющей восходящий характер. В то же время в общепринятой научной типологии выделяется и горизонтальная карьера, в качестве которой на государственной гражданской службе может выступать изменение классного чина как отражение повышения профессионального уровня. Однако в практике деятельности присвоение классного чина не является для госслужащих так называемым «маркером карьеры», так как в связи с вступившими в законную силу изменениями, квалификационный экзамен сдает теперь только достаточно узкий круг государственных гражданских служащих. Большинству служащих классный чин присваивается на основании накопления стажа. Таким образом, квалификационный экзамен как один из механизмов профессионального развития сегодня утратил свое значение.

Обобщение подходов к пониманию профессионального развития государственных гражданских служащих показывает, что в теоретических исследованиях этот процесс рассматривается как многогранный, включающий в себя развитие личности служащего как профессионала, рост квалификации в ходе профессионального обучения и отражающийся на должностном продвижении (карьере) и прохождении госслужбы в целом. В законодательных актах, посвященных регламентации государственной гражданской службы, также придается большое значение профессиональному развитию и карьерному росту служащих, однако эти процессы не рассматриваются как взаимосвязанные.

В то же время научное осмысление сложившейся к настоящему времени практики профессионального развития государственных гражданских служащих свидетельствует, что формальное применение законодательно установленных механизмов, отсутствие системного подхода к деятельности снижает эффективность влияния данного инструмента на повышение качества кадрового состава государственных органов.

Помимо анализа отечественной теории и практики профессионального развития нами предпринято изучение публикаций, посвященных *профессиональному развитию государственных служащих зарубежных стран* с целью сравнения подходов, сложившихся за рубежом, и оценке возможностей их применения в российской действительности.

Исследование показывает, что профессиональное развитие государственных служащих в российском понимании в большинстве зарубежных стран не рассматривается. В изученных нами публикациях, как правило, речь идет об обучении государственных служащих – его роли, принципах, формах методах, подходах и др.

Подготовка и повышение квалификации является неотъемлемой частью работы с кадрами государственной службы в зарубежных странах и носит непрерывный и обязательный характер на протяжении всей карьеры – от найма до отставки.

Эффективность подготовки и повышения квалификации чиновников обусловлена тесным взаимодействием госорганов с учебными заведениями. Во многих западных странах создаются специальные учебные заведения для подготовки кадров госслужбы, обучению в которых предшествует строгий отбор. Профиль основного образования госслужащих разнится по странам: юридическое образование в Германии, экономическое – во Франции, техническое и естественно-научное – в США. Однако в последнее время возрастает необходимость получения специального образования в области государственного управления.

В Германии и Франции сложилась многоуровневая структура подготовки госслужащих, ранжированная в зависимости от целей обучения и уровня обученности кадров. Обучение имеет теоретическую и практическую направленность. Обучающие организации гибко реагируют на потребности госслужбы в образовательных услугах, перестраивая программы обучения, построенные по модульному принципу.

Очевидно, что использование элементов зарубежного опыта подготовки и формирования кадров госслужбы может быть полезным в России.

Так, опыт Германии указывает на необходимость обязательного обучения молодых сотрудников, построения системы непрерывного образования для осуществления успешной служебной карьеры, гибкости образовательных программ.

Из опыта Великобритании и Франции можно выделить следующее: содержание учебных программ должно определяться целями текущей политики, необходима система постоянной оценки компетентности госслужащих, важно создавать и развивать широкую сеть курсов и семинаров на уровне министерств и ведомств, формируя, таким образом, систему повышения квалификации, чутко реагирующую на потребности текущего периода.

Опыт США в области формирования кадров госаппарата демонстрирует продуктивность конкурсного замещения должностей, карьерного продвижения с учетом результатов экзаменов и ежегодной аттестации персонала.

В рамках нашего исследования интерес представляет тот факт, что в зарубежных странах цель профессионального развития формулируется более конкретно, нежели в российской практике: для формирования необходимых *профессиональных компетенций*, под которыми понимается способность применять знания, умения и навыки при следовании в работе профессиональным стандартам, то есть компетенции определяют конкретное поведение людей, осуществляющих государственные функции.

Наиболее активно идея управленческих компетенций используется в США, Канаде, Великобритании, Нидерландах и др. В каждой из стран разработаны свои модели компетенций, но все они предназначены быть инструментом, который позволяет решать самые важные вопросы – оценить реальную квалификацию, персональную эффективность, выбрать направления обучения сотрудников.

Наибольшее распространение в практике кадровой работы государственной службы зарубежных стран получили разработки Дж. Равена. С точки зрения автора компетентное поведение специалиста в большей степени зависит от его мотивации, нежели от способностей. На основе этой концепции построена модель компетенций государственных служащих Великобритании.

В Нидерландах нет единой модели компетенций, каждое ведомство определяет свой перечень, организовывая их в группы. В Ирландии используется модель, состоящая из 17 компетенций, собранных в четыре кластера (личная эффективность, способ мышления и решения проблем, взаимодействие, достижение результата). Четыре блока компетенций выделяют и в Канаде (обязательства, стратегическое мышление, развитие управление, ценности и этика). Предложенная советом ООН модель компетенций UNIDO включает в себя 14 компетенций в соответствии с уровнем должности. Таким образом, нет и, по-видимому, не может быть универсальной модели компетенций государственных служащих, применимых во всех странах.

Обобщение изложенного позволяет выделить следующие характерные черты подхода к профессиональному развитию государственных служащих за рубежом:

– концентрация на формировании профессиональных компетенций;

– – разработка национальных моделей компетенций для сферы государственного управления;

– непрерывный и системный характер развития профессиональных компетенций;

– наличие закрепленных образовательных учреждений, аккредитованных для подготовки определенных категорий служащих.

Сегодня в России предпринимаются попытки опираться на опыт зарубежных стран при разработке концепции профессионального развития государственных гражданских служащих. Например, установление связи профессионального развития с обучением и карьерным ростом государственных служащих (так называемой merit system – системы «заслуг и достоинств»). Компетентностный подход, как было показано выше, начинает использоваться в профессиональной подготовке и дополнительном профессиональном образовании государственных гражданских служащих.

Литература (источники):

1. Граждан В. Федеральная государственная служба: проблема системности // Власть. – 1996. № 10. С. 55-58
2. Дергачев С.В. Управление профессиональным развитием государственных служащих в субъекте Российской Федерации: монография. – Йошкар-Ола: Изд-во Марийский гос.тех. ун-т, 2008. С. 21.
3. Деркач А.А. Психолого-акмеологические основания и средства оптимизации личностно-профессионального развития конкурентоспособного специалиста // Акмеология, 2013. – № 2. С. 9-18
4. Калачева Т.Г. Профессионализм государственных служащих субъекта федерации: методологический и методический подходы к анализу проблемы. – Н. Новгород, 1998.
5. Локонова Ю.М. Профессиональное развитие кадров системы социальной защиты населения РФ: Автореф. дис. …канд. социолог. наук. - М., 2005. -С. 15–21.

Слесаренко И.Б., Слесаренко И.В.
к.т.н., доцент Дальневосточного Федерального университета, Владивосток
аспирант Дальневосточного Федерального университета, Владивосток
islesarenkob@rambler.ru

ОСОБЕННОСТИ МОДЕЛИРОВАНИЯ СОЛНЕЧНЫХ ВОДОНАГРЕВАТЕЛЬНЫХ УСТАНОВОК

Активность солнечной радиации Приморского края имеет хорошие показатели. Теоретические расчеты показывают возможность замещения солнечной радиацией энергетических потребностей населения и промышленных объектов региона в горячей воде полностью, а в зимний период на 70-80%. Покупательский спрос солнечной водонагревательной установки (СВНУ) напрямую зависит от ее стоимости и уровня автоматизации. Задача решается на проектном уровне методами моделирования объектов управления. Результатом проведенных исследований было моделирование схемы СВНУ, приближенных по условиям эксплуатации и ресурсам к определенной местности и потребителям.

Все владельцы исследуемых солнечных установок стремятся к минимизации их обслуживания. Для этого, прежде всего, необходимо обеспечить высокий уровень автоматизации СВНУ. Данную задачу трудно решить без применения методов моделирования объекта управления.

Опыт разработчиков установок в области использования солнечной энергии для получения горячей воды позволяет определить диапазон основных характеристик модели СВНУ. Площадь солнечных коллекторов – 1,5…4,5 м^2, емкость бака аккумулятора – до 500 л, расход теплоносителя 15…80 кг/(м^2·ч) [2,38; 3,74; 4,51].

Для оптимизации системы автоматики и расчета динамических характеристик СВНУ принято использовать два метода: идентификационный метод и метод математического моделирования объекта.

В первом случае для исследования регулируемого объекта должны быть известны уровень изменения входных воздействий и отклонения выходных параметров. При этом, как правило, нельзя получить полное представление о внутренней структуре объекта или об имеющихся взаимосвязях параметров.

Также сложно установить, как динамические характеристики СВНУ могут повлиять на выбор наилучшей структуры установки.

Во втором случае известны технические и технологические данные, определяющие условия работы СВНУ. При моделировании учитываются сведения о конструкции и технологических параметрах применяемого в агрегате оборудования. Поэтому всегда можно оценить необходимость модернизации установки, например, при комбинировании СВНУ с тепловым насосом, ветровой энергетической станцией или при включении в схему дополнительного аккумулятора теплоты.

Результаты такого теоретического исследования позволяют определить критерии оптимальности, оценивающие условия эксплуатации и работу органов регулирования СВНУ, а также установить необходимые экономические характеристики объекта.

Рассматриваемая структурная схема исследуемой СВНУ (рис.1) состоит из четырех контуров. Первый контур включает 33 солнечных коллектора (1) типа CS-32, циркуляционный насос (5) и теплообменник 2 (типа M6-FG). Контур заполнен незамерзающим теплоносителем в условиях эксплуатации Приморского края. Максимальная температура теплоносителя в первом контуре 105°С.

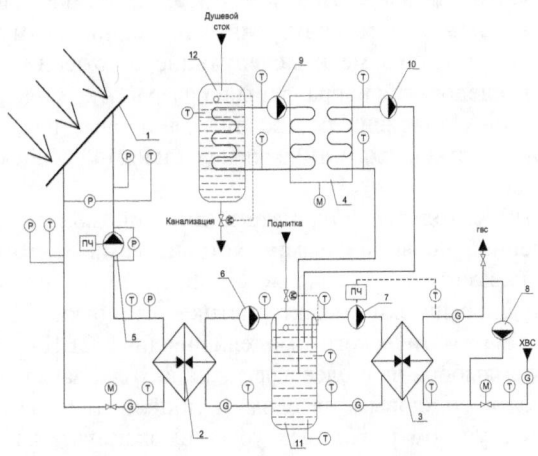

Рис.1. Структурная схема исследуемой СВНУ, тепловым насосом и низкотемпературным источником теплоты от стоков контура ГВС

Второй контур предназначен для нагрева воды в баках-аккумуляторах (11) через теплообменник первого контура.

Третий контур предназначен для подачи теплоносителя (воды) из верхнего уровня баков-аккумуляторов (11) на пластинчатый теплообменник (3) для нагрева холодной воды из системы водоснабжения до температуры 60°С.

Четвертый контур обеспечивает горячее водоснабжение объекта.

В каждом контуре установлены расходомеры, датчики температуры и давления циркулирующей воды, а также устройства для регулирования числа оборотов циркуляционных насосов, обеспечивающие изучение эффективности системы регулирования объекта.

При создании динамической модели схема СВНУ условно разделяется на основные элементы (контуры), включающие солнечный коллектор (1), бак-накопитель (12), теплообменники (2,3), тепловой насос, бак-аккумулятор, бак-смеситель.

По расчетным и опытным данным исследуемых узлов солнечной установки составляются уравнения материального и теплового баланса каждого контура. Определяются возмущающие воздействия и основные регулируемые параметры установки. С учетом установившегося состояния и возможных отклонений параметров для каждого узла рассчитываются коэффициенты и постоянные времени. После перехода к безразмерным величинам математическая модель исследуемой СВНУ включает 12 дифференциальных уравнений, описывающих изменение основных параметров СВНУ. Математическая модель каждого узла и всей установки рассчитывается по специальной компьютерной программе, что позволяет оценить технические и энергетические характеристики для различных режимов работы СВНУ с учетом внутренних и внешних возмущений.

В заключении можно отметить следующие положения.

1. Проводимые исследования направлены на разработку модели солнечной водонагревательной установки с реверсивным тепловым насосом, адаптированной к жестким климатическим условиям Российского Дальнего Востока.
2. Рассмотренный метод решения математической модели действующей СВНУ, оснащенной современными устройствами автоматизации и мониторинга параметров, позволяет определить с необходимой достоверностью динамические характеристики установки.
3. Результаты математического моделирования СВНУ могут быть использованы для выбора наиболее эффективного варианта модернизации СВНУ, оснащаемой тепловым насосом и дополнительными тепловыми аккумуляторами с учетом различных условий эксплуатации установки и изменения требований заказчиков.

Литература

1. Научно-прикладной справочник по климату СССР. Серия 3, части 1 – 6, выпуск 26. Приморский край. Приморское территориальное управление по гидрометеорологии, 1988. 417 с.
2. Gravity systems worldwide: a question of quality and aesthetics// Sun & Wind Energy, №1, 2006. 64 p.
3. Annual Energy Review 2006 / Energy Information Administration, Office of Energy Markets and End Use U.S. Department of Energy, Washington, DC 20585, June 2007, 402p.
4. Seven Tetxlaff China catches up on technology / Sun & Wind Energy, International issue, 3/2007, 62 p.

Черкасова Н.Г., Крылова О.К., Рогов В.А.
к.т.н., доцент; к.т.н., доцент, д.т.н., профессор
Сибирский государственный технологический университет,
г. Красноярск
5hat@bk.ru

СНИЖЕНИЕ ЗАГРЯЗНЕНИЯ АТМОСФЕРНОГО ВОЗДУХА ВЫБРОСАМИ АЛЮМИНИЕВЫХ ЗАВОДОВ ПРИ ВНЕДРЕНИИ ГОРЕЛОЧНОГО УСТРОЙСТВА С ДЕФОРМИРОВАННЫМИ СТЕНКАМИ ДЛЯ ДОЖИГА АНОДНЫХ ГАЗОВ АЛЮМИНИЕВОГО ЭЛЕКТРОЛИЗЕРА

В выбросах алюминиевого завода доля электролизного производства составляет более 80 %. Значительная часть из них приходится на подколокольные газы, проходящие через горелки, где происходит дожигание окиси углерода до CO_2 с КПД до 95 % и смолистых веществ с КПД до 55 %. При этом содержание бенз(а)пирена в смолистых веществах при эффективной работе горелок уменьшается в 80–100 раз. Часть пыли и смолистых веществ дополнительно улавливается в мокрой ступени газоочистки. Общий КПД газоочистки по пыли составляет 93,5 %, по смолистым – 85,6 %. В последние 2-3 года на предприятиях внедряется сухая газоочистка с улавливанием пыли, HF и смолистых веществ до 98-99 %.

Превалирующая роль в ликвидации вредного воздействия пыле-газо-смолистых выбросов в окружающую среду отводится горелочным устройствам, в связи с чем, актуальны мероприятия по интенсификации процесса сжигания смолистых веществ и окиси углерода, совершенствованию конструкций горелочных устройств.

Термический метод является основным в обезвреживании анодного газа электролизного производства. От конструкции горелочного устройства в значительной мере зависит эффективность дожигания СО и смолистых веществ.

Сложность эксплуатации горелочных устройств любого типа обусловлена нестабильностью технологических параметров электролизного производства (расход, состав, температура, плотность анодных газов, содержание смолистых веществ, разрежение в системе газоотсоса), отсутствием автоматизированных систем регулирования процесса дожигания.

Основным условием эффективного сжигания топлива является тщательное перемешивание газовоздушных потоков. Степень перемешивания зависит от относительной скорости потоков, чем больше разность скоростей, тем лучше перемешивание и короче факел. Определяющим параметром при перемешивании является диаметр потока.

Чем больше диаметр горелки, тем длиннее факел и, следовательно, хуже перемешивание.

Количество смолистых веществ изменяется в широких пределах. Наибольшее количество смолистых приходится на периоды работы электролизера после загрузки анодной массы и после перестановки стержней. В силу этих причин конструкция горелки должна отвечать всему диапазону изменения параметров процесса электролиза. Согласно проведенным исследованиям параметры анодного газа при работе электролизеров на «жирной» анодной массе имеют следующие значения (таблица 1).

Таблица 1 – Параметры анодного газа при работе электролизеров на «жирной» анодной массе

Наименование	Минимум	Максимум	Среднее
H_2, %	0	7,52	5,5
O_2, %	0	8,2	0,35
N_2, %	0	46,4	2,15
CH_4, %	0	4,3	1,0
CO, %	25,5	69,5	52,0
CO_2, %	15,0	56,1	39,0
Содержание смолистых веществ, г/ч	57,0	1400,0	332,0
в т.ч. 3,4 – бенз(а)пирен, %	0,107	0,23	

При работе электролизеров на «сухой» анодной массе параметры анодного газа существенно изменились (таблица 2).

Таблица 2 – Параметры анодного газа при работе электролизеров на «сухой» анодной массе

Наименование	Среднее
H_2, %	2,49
O_2, %	2,55
N_2, %	22,35
CH_4, %	0,4
CO, %	26,74
CO_2, %	26,74

Мощным средством повышения скорости и соответственно полноты сжигания газа является повышение температуры смеси. При этом резко увеличивается скорость движения молекул газа и воздуха, что способствует быстрому смешению и воспламенению смеси. Факел горения подогретой смеси значительно короче. При подогреве воздуха или воздуха и газа создаются условия для устойчивости горения. Смесь становится горючей при любом соотношении объемов газа и воздуха.

Необходимыми условиями окисления бенз(а)пирена до нетоксичного состояния и смолистых веществ является температура выше 1000 °С и длительность выдержки их при этой температуре около 0,3 с. При температуре более 800 °С необходима экспозиция не менее 3 секунд. В реальных условиях время пребывания газов в щелевых горелках не превышает 0,2-0,4 с.

Эффективным средством ускорения процесса горения является увеличение поверхности горения, что может быть достигнуто, например, дроблением потока на мелкие струи или введением в поток твердых тел.

В работе впервые представлено горелочное устройство для дожигания анодного газа с деформируемыми стенками (рисунок 1). Конструкция устройства обеспечивает полное выгорание СО и, в сравнении с типовыми щелевыми горелками, повышает эффективность термического обезвреживания бенз(а)пирена на 0,9-1,9%.

При диаметре горелки, равном 325мм, и длине средней камеры дожигания, составляющей 59% от общей высоты горелки, вес горелки с деформируемыми стенками уменьшился в сравнении с щелевой горелкой практически в 2 раза, вследствие чего, при необходимости, может устанавливаться на продольной стороне анода.

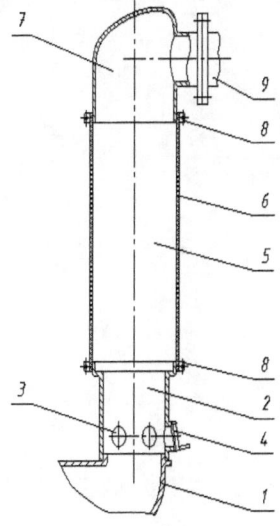

Рисунок 1 - Конструкция горелки с деформируемыми стенками
    1.Прилив угловой секции 2. Камера смешения и воспламенения
    3. Воздушные отверстия 4. Заслонка 5. Камера дожигания
    6. Деформируемая стенка 7. Камера удаления продуктов горения
    8. Крепежные кольца 9. Система газоотсоса

Таким образом, рассматриваемое устройство для дожигания анодных газов алюминиевого электролизера обеспечивает высокую эффективность термического обезвреживания вредных составляющих анодных газов и снижение его массивности.

Список литературы:

1. В.П. Куликов, Ю.М. Сторожев, Термическое обезвреживание анодных газов в горелочных устройствах алюминиевого электролизера; Цветные металлы №4, стр.51-55; М.; 2008г.

2. Куликов, Б. П. Переработка отходов алюминиевого производства / Б. П. Куликов, С. П. Истомин. – Красноярск, 2004. – 479с.

3. Разработка методики моделирования горелочных устройств алюминиевого электролизера и совершенствование их конструкций: отчет / КГАЦМиЗ; рук. работы Ю. И. Сторожев. – Красноярск, 1993. – 127 с.

Cherkasova N.G., Krylova O.C., Rogov V.A.
Associate Professor, candidate of technical sciences;
associate professor, candidate of technical sciences;
professor, doctor of technical sciences
Siberian State Technological University, Krasnoyarsk
5hat@bk.ru

REDUCE AIR POLLUTION EMISSIONS ALUMINUM PLANT AT INTRODUCTION OF BURNER UNITS WITH DEFORMED WALLS FOR AFTERBURNING ANODE GAS ALUMINUM ELECTROLYTIC CELLS

In the emission of the aluminum smelter share of production is more than 80 %. A significant part of them are in Podkolokolny gases passing through the burner , where the combustion of carbon monoxide to CO_2 with efficiency up to 95 % and tar with efficiency up to 55%. The content of benzo (a) pyrene in the resinous substances with effective operation of the burners is reduced to 80-100 times . Part of the dust and tar trapped in the additional step of wet scrubbing . Overall efficiency gas purification by dust is 93.5 % , according to a resinous - 85.6 %. In the last 2-3 years on dry gas cleaning plants introduced to the capture of dust , HF and tar to 98-99 %.

The prevailing role in eliminating the harmful effects of dust , gas and tar emissions into the environment is given a burner device , in this connection, the relevant measures to intensify the process of burning tar and carbon monoxide , improve designs of burners .The thermal method is a general in the removal of the aluminum anode gas production. From the design of the burner to a large extent on the effectiveness of post-combustion CO and resinous substances.Operational complexity of burners of any kind due to the instability of the aluminum production process parameters (flow rate, composition, temperature , density anode gas , the content of tar , gas suction vacuum in the system) , the lack of automated process control burning .The main condition for efficient combustion of the fuel is thoroughly mixed -gas streams. The degree of mixing depends on the relative flow rates , the higher the speed difference , the better mixing and shorter flame . Determining parameter is the diameter of the stirring flow. The larger diameter of the burner , the flame is longer and therefore less mixing.Number of resinous substances varies widely . The greatest amount of tar to the period of cell operation after loading the anode paste and after exchanging rods. For these reasons the burner design should meet the full range of variations in process of electrolysis. According to research settings for the anode gas to the electrolysis operation "fat " anode mass has the following values (Table 1).

Table 1 - Settings of the anode gas in electrolysis operation in the "fat " anodic weight

Name	Minimum	Maximum	Average
H_2,%	0	7.52	5.5
O_2,%	0	8.2	0.35
N_2,%	0	2.15	46.4
CH_4,%	0	4.3	1.0
CO,%	25,5	69,5	52,0
CO_2,%	15,0	56,1	39,0
The content of tar, g/h	57.0	1400.0	332.0
including 3,4 - benzo (a) pyrene, %	0.107	0.23	

When working on the cells 'dry' anode mass parameters of the anode gas essentially unchanged (Table 2).

Table 2 - Parameters of the anode gas in electrolysis operation in "dry" weight of the anode [3]

name	Average
H_2,%	2,49
O_2,%	2,55
N_2,%	22,35
CH_4,%	0,4
CO,%	26,74
CO_2,%	26,74

A powerful means of increasing the speed and completeness of combustion, respectively, is to increase the temperature of the gas mixture. This dramatically increases the speed of the molecules of gas and air, which contributes to the rapid mixing and ignition of the mixture. Torch burning a mixture of heated considerably shorter. When heating or air conditioning and gas, the conditions for combustion stability. The mixture becomes flammable at any volume ratio of air and gas .Necessary conditions for the oxidation of benzo (a) pyrene, a non-toxic to the status and tar temperature is higher than 1000 ° C and duration of exposure at this temperature for about 0.3 seconds. At a temperature of over 800 ° C is needed exposure for at least 3 seconds. In reality, the residence time of gases in slit burners does not exceed 0.2-0.4 s .An effective means of accelerating the combustion process is to increase the burning surface , which can be achieved for example by crushing to small flow jets or by introducing into the stream of solids.In work presented burner device for burning the anode gas with deformable walls (Figure 1). The device design provides complete burnout of CO and compared with the standard slit burners , improves thermal destruction of benzo (a) pyrene to 0.9-1.9 %.When the diameter of the burner is equal to 325mm , the length of the middle chamber and afterburning is 59 % of the overall height of the burner , burner weight with deformable walls reduced in comparison with the slotted burner almost 2 times , whereby , if necessary, can be mounted on the longitudinal side of the anode.

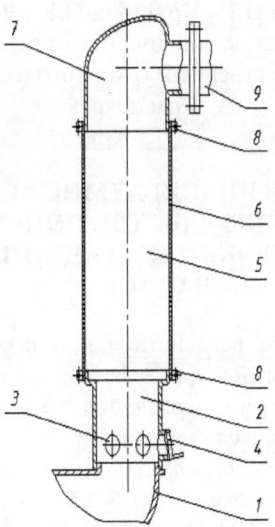

Figure 1 - The burner design with deformable walls 1. Priliv corner section 2. The mixing chamber and ignition 3. 4 air holes. The damper 5. afterburner 6. Deformable wall 7. Remove the products of combustion chamber 8. Fixing ring 9. gas suction system

Thus, the device in question for post-combustion gases anode aluminum cell ensures high performance of thermal destruction of harmful components of anode gases and reducing its massiveness.

References

1. VP Kulikov, YM Storojev, Thermal neutralization anode gas in the burner aluminum cell, Non-ferrous metals number 4, p.51 -55, M., 2008.

2. Kulikov, BP Recycling aluminum production / BP Kulikov, SP Istomin. - Krasnoyarsk, 2004. - 479s.

3. Development of methodology for modeling burners aluminum electrolytic and improving their designs : report / KGATsMiZ ; hands. YI Storojev work. - Krasnoyarsk, 1993. - 127.

Черкасова Н.Г., Крылова О.К., Рогов В.А.
к.т.н., доцент; к.т.н., доцент; д.т.н., профессор
Сибирский государственный технологический университет,
г. Красноярск
5hat@bk.ru

СНИЖЕНИЕ ЗАГРЯЗНЕНИЯ АТМОСФЕРНОГО ВОЗДУХА ПРИ СТРОИТЕЛЬСТВЕ ПОИСКОВЫХ, РАЗВЕДЫВАТЕЛЬНЫХ И ЭКСПЛУАТАЦИОННЫХ НЕФТЯНЫХ СКВАЖИН

Наибольшее негативное воздействие при строительстве нефтяных скважин с целью поиска залежей нефти оказывается на атмосферу.

Основными источниками загрязнения атмосферного воздуха при строительстве скважины являются:

- *при проведении подготовительных и монтажных работ* – передвижные источники (автомобили, тракторы, краны), дизель-генераторные станции, склад ГСМ, сварочные работы;

- *при бурении и креплении скважины* – силовые агрегаты, дизель-генераторные станции, котельная, цементировочный агрегат, склад ГСМ, трактор;

- *при испытании продуктивных пластов* – силовой агрегат, дизель-генераторные станции, котельная, цементировочный агрегат, склад ГСМ. Указанные источники в данный период работают в сокращенном варианте. В случае получения продукта основные выбросы происходят при сжигании нефти и газа;

- *при демонтаже оборудования, рекультивации нарушенных земель* - передвижные источники (автомобили, тракторы, краны), в сокращенном варианте - дизель-генераторные станции, котельная, склад ГСМ.

При испытании скважины выделяется попутный нефтяной газ, который имеет значительные примеси в виде влаги, газоконденсата и нефти, в связи, с чем газ без дополнительной промышленной переработки неприемлем для использования. Перед нефтедобывающими предприятиями стоит проблема, которые путем сжигания утилизируют добываемый попутный газ. В результате окружающая среда и работники скважины подвергаются воздействию экологически вредных продуктов сгорания попутного нефтяного газа, в том числе и канцерогенных веществ, что приводит к существенному повышению заболеваемости работников. За год, в целом, в результате сжигания попутного нефтяного газа в атмосферу выбрасывается 400 тыс. тонн вредных веществ – окиси углерода, окислов азота, углеводородов, сажи.

Длительное воздействие побочных продуктов загрязненного воздуха приводит к перегрузке защитных систем человека. И в результате развиваются болезни дыхательной системы: аллергическая астма, рак и эмфизема легких, хронические бронхиты, в головном мозге начнутся процессы, которые легко могут привести к параличу.

Для снижения загрязнения атмосферного воздуха при выбросе вредных веществ предлагается предусматривать применение барабанного вакуум – фильтра Б20 – 3/2,2 для очистки попутного нефтяного газа от газоконденсата, нефти, капельной мелкодисперсной, аэрозольной влаги и механических примесей на узлах подготовки нефти для дальнейшего использования попутного газа в качестве топлива котельных;

– для очистки газа перед факельными линиями перед утилизацией газа в целях улавливания безвозвратно теряемого углеводородного сырья и очистки сжигаемого газа в целях обеспечения экологических требований;

– для очистки попутного газа для целей дальнейшей транспортировки, реализации и использования в качестве топлива для котельной. Так как в настоящее время для очистки попутного газа подобного оборудования не применялось, что привело к загрязнению окружающей среды и как следствие привело к возникновению функциональных изменений в организме работников скважины.

Конструкции фильтра базируются на оригинальных технических решениях, что позволяет модернизировать существующие фильтры, обеспечивая режим незагрязнения поверхности фильтрпакетов, т.к. пленка жидкости формируется между грязным, двухфазным потоком, и телом фильтра. Конструктивное устройство фильтра представлено на рисунке 1.

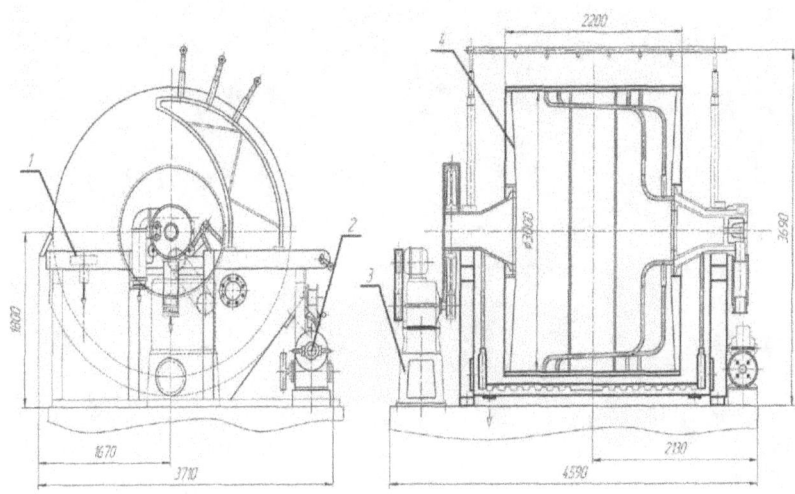

Рисунок 1 – Вакуум-фильтр барабанный
1 – корыто; 2 – червячный редуктор; 3 – привод;
4 – фильтровальная ткань.

Отделение второй фазы происходит до прохождения через фильтр, значит, поры фильтра остаются чистыми.

Благодаря закручиванию потока, пленка равномерно распределяется по всей фильтрующей поверхности и интенсивно отводится с тела фильтра. Фильтр может быть установлен как вертикально, так и горизонтально (действуют силы тяжести и центростремительные).

Благодаря перфорированному каркасу, на котором устанавливается фильтрэлемент, аппарат может работать под давлением 250 атм., а если необходимо и больше.

В результате применения предлагаемого вакуум-фильтра снижается «экологическая» нагрузка на окружающую среду, вследствие чего повышается эффективность мероприятий, направленных на обеспечение безопасности жизнедеятельности работников нефтяных скважин.

Список литературы:

1. Экологический паспорт Красноярского филиала ЗАО «Сибирская сервисная компания» на строительство скважины №2 Платоновской площади. От 08.05.2007 г.
2. Барабанные вакуум-фильтры [Электронный ресурс] / Промпегас. – Красноярск, 2009. Режим доступа: *http*:*www. upmt. ru*

Cherkasova N.G., Krylova O.C., Rogov V.A.
Associate Professor, candidate of technical sciences;
associate professor, candidate of technical sciences;
professor, doctor of technical sciences
Siberian State Technological University, Krasnoyarsk
5hat@bk.ru

REDUCE AIR POLLUTIONDURING CONSTRUCTION OF PROSPECTING, RECONNAISSANCE AND OPERATIONAL OIL WELLS

The negative effect in the construction of oil wells in order to find accumulations of oil is on the atmosphere.

The main sources of air pollution during the construction of the well are:

- In the preparatory and construction works - mobile sources (cars , tractors , cranes), diesel generating sets , fuel storage , welding;

- Drilling and casing - powertrains , diesel generating sets , boiler room, cementing unit , fuel storage , the tractor;

- The test of productive strata - the power unit , diesel generating sets , boiler room, cementing unit , fuel storage.

These sources in a given period of work in a shortened version. In the case of major product releases occur during combustion of oil and gas;

- The dismantling of equipment, land reclamation - mobile sources (cars, tractors , cranes) , in abbreviated form - generating sets , boiler , fuel storage.

If well testing stands associated gas that has significant impurities in the form of moisture, condensate and oil, in connection with which no additional gas is unacceptable for industrial processing use. Before the oil producing companies is a problem that by burning utilize associated gas . As a result, the environment and workers well exposed environmentally harmful products of combustion associated gas , including carcinogens , leading to a significant increase in the incidence of workers. For the year as a whole, the burning of associated gas in the atmosphere 400 tons of pollutants - carbon monoxide , nitrogen oxides , hydrocarbons, soot. Long-term exposure to air pollution by-products leads to an overload protection systems of humans . As a result, developing respiratory system : allergic asthma, cancer and pulmonary emphysema , chronic bronchitis, in the brain processes begin , which can easily lead to paralysis.

To reduce air pollution due to the release of harmful substances is proposed to provide the use of a vacuum drum filter - B20 - 3/2 , 2 to clear the associated gas from the gas condensate , oil , dropping fine , aerosol moisture and impurities at the sites of oil for future use of associated gas as boiler fuel ;

- To clean the gas before the flare gas lines prior to disposal in order to capture irretrievably lost by the hydrocarbons and purification of gas flared in order to ensure environmental requirements;

- For gas treatment for the purposes of further transport , sale and use as fuel for the boiler . Since at present for gas treatment of such equipment has not been applied , resulting in the contamination of the environment and as a result has led to functional changes in the body of workers well.

Filter design based on the original technical solutions, which lets you upgrade existing filters, providing a mode of non-pollution surface filter packages as a liquid film is formed between the dirty two-phase flow , and a filter body.

Constructive filter device shown in Figure 1.

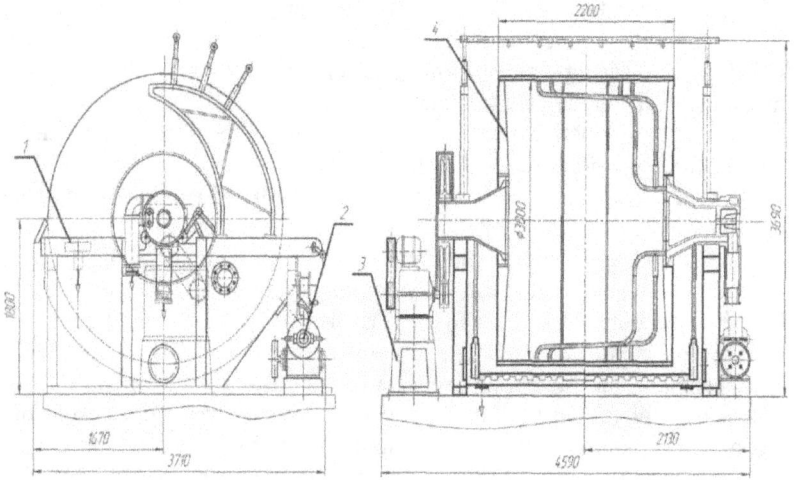

Figure 1 - The vacuum filter drum
1 - trough , 2 - worm gearbox , 3 - wheel drive ; 4 - filter cloth .

Branch second phase occurs before passing through the filter means , the filter pores are clean.Through tightening thread , film uniformly distributed across the filter surface and intensively allocated to the filter body . The filter can be installed both vertically and horizontally (the force of gravity and centrifugal) .Due to a perforated frame on which the filter elements installed , the machine can be operated under a pressure of 250 atm . , And if necessary and more .As a result of the proposed vacuum filter down "environmental " load on the environment, thereby increasing the effectiveness of measures aimed at ensuring the safety of life of workers of oil wells .

References

1. Environmental Passport Krasnoyarsk branch of JSC " Siberian Service Company" for the construction of a well number 2 Plato area . From 08.05.2007

2. Rotary vacuum filters [electronic resource] / Prompegas . - Krasnoyarsk, 2009 . Mode of access : http:www. upmt. ru

Черноморец А.А., Голощапова В.А., Щербинина Н.В., Болгова Е.В.
зав. кафедрой прикладной математики и информатики НИУ «БелГУ», к.т.н., доцент; старший преподаватель кафедры информационно-телекоммуникационных систем и технологий НИУ «БелГУ»; старший преподаватель кафедры прикладной математики и информатики НИУ «БелГУ»; аспирант НИУ «БелГУ»

ЭФФЕКТИВНОСТЬ МАСШТАБИРОВАНИЯ ИЗОБРАЖЕНИЙ НА ОСНОВЕ СУБПОЛОСНОЙ ИНТЕРПОЛЯЦИИ

При решении многих задач обработки изображений в цифровой форме зачастую возникает необходимость детального визуального анализа полученных изображений, что возможно осуществить при увеличении их масштаба, для чего необходимо применять интерполяционные методы.

К основным наиболее широко используемым методам интерполяции относятся: билинейный [1,299] и бикубический [1,300], которые не лишены недостатков. Поэтому разработка новых методов интерполяции остается актуальной. В данной работе предлагается использовать новый метод субполосной интерполяции для масштабирования изображений [2].

Суть метода субполосной интерполяции изображений заключается в следующем. Изображение, подлежащее интерполяции, представим в виде прямоугольной матрицы вещественных чисел $\Phi = (f_{m_1 m_2})$, $m_1 = 1, 2, \ldots, M_1$, $m_2 = 1, 2, \ldots, M_2$. Значения интерполирующего изображения $\widehat{\Phi} = (\widehat{f}_{n_1 n_2})$, $n_1 = 1, 2, \ldots, N_1$, $n_2 = 1, 2, \ldots, N_2$, вычисляется в D_1 и D_2 промежуточных точках между исходными пикселями вдоль соответствующих осей координат, то есть размерности исходного и интерполирующего изображений связаны следующими соотношениями

$$N_1 = D_1(M_1 - 1) + 1$$
$$N_2 = D_2(M_2 - 1) + 1 \quad (1)$$

При этом в узлах интерполяции должны выполняться следующие равенства

$$\widehat{f}_{D_1(m_1-1)+1, D_2(m_2-1)+1} = f_{m_1 m_2}$$
$$m_1 = 1, 2, \ldots, M_1, m_2 = 1, 2, \ldots, M_2 \quad (2)$$

Интерполяция изображения осуществляется на основе выражения [1,115]

$$\widehat{\Phi}_u = f_{11} e_1 e_2^T + B_1 Q_1 (\widehat{B}_1 Q_1)^{-1} (\Phi_u - u_{11} \tau_1 \tau_2^T)(Q_2^T \widehat{B}_2^T)^{-1} Q_2^T B_2^T, \quad (3)$$

где $Q_1 = (q_1^{\Omega_1}, \ldots, q_{L_1}^{\Omega_1})$ и $Q_2 = (q_1^{\Omega_2}, q_2^{\Omega_2}, \ldots, q_{L_2}^{\Omega_2})$ — матрицы, состоящие из L_1 и L_2 собственных векторов субполосных матриц $A_{\overline{\Omega}_2}$ и $A_{\overline{\Omega}_1}$ [3,126;4,118]; B_1 и B_2

– квадратные нижние треугольные матрицы, состоящие из единиц и нулей, размерностей $(N_1-1) \times (N_1-1)$ и $(N_2-1) \times (N_2-1)$ соответственно; $\vec{e}_1$, $\vec{e}_2$ – состоящие из единиц векторы размерностей (N_1-1) и (N_2-1) соответственно; $\vec{\gamma}_1$, $\vec{\gamma}_2$ – векторы, размерностей M_1-1 и M_2-1, состоящие из единиц; $\hat{B}_1$, $\hat{B}_2$ – матрицы размерностей $(M_1-1) \times (N_1-1)$ и $(M_2-1) \times (N_2-1)$ соответственно, состоящие из строк матриц B_1 и B_2 с номерами $D_1+1, 2D_1+1, \ldots, (M_1-1)D_1+1$ и $D_2+1, 2D_2+1, \ldots, (M_2-1)D_2+1$ соответственно; $f_{11} = u_{11}$ - первый элемент матрицы исходного изображения $\Phi = (f_{m,n})$.

Чтобы проверить работоспособность метода субполосной интерполяции при масштабировании изображений, было проведено сравнение субполосного и существующих методов масштабирования: линейной интерполяции и кубического сплайна.

Оценка методов масштабирования основывалась на вычислении среднеквадратической погрешности исходного и восстановленного изображении.

Для проведения вычислительного эксперимента исходное изображение было прорежено

$$f_{jr}^M = f_{(j-1)M+1,(r-1)M+1}, \qquad (4)$$

где М – количество восстанавливаемых значений между интервалами дискретизации, $j = 1,2,\ldots(N_1-1)/M+1$, $r = 1,2,\ldots(N_2-1)/M+1$.

Далее полученные при различных М изображения f_{jr}^M с помощью рассмотренных методов масштабирования восстанавливались до исходного размера. Затем определялась среднеквадратическая погрешность. Для вычисления среднеквадратической погрешности было использовано выражение

$$\delta = \sqrt{\frac{\sum_{i=1}^{N_1}\sum_{k=1}^{N_2}\left[f_{ik} - \hat{f}_{ik}^M\right]^2}{\sum_{i=1}^{N_1}\sum_{k=1}^{N_2}\left[f_{ik}\right]^2}}, \qquad (5)$$

где $\hat{f}_{ik}^M$ – результат масштабирования.

Для сравнения результатов применения различных методов были взяты разные изображения, результаты экспериментов показали, что применение предлагаемого метода субполосной интерполяции позволяет получить более четкое и качественное изображение по сравнению с рассмотренными методами. Метод линейной интерполяции вызвал нежелательные эффекты сглаживания деталей. Метод бикубической интерполяции делает слишком резкими некоторые области изображения.

В таблице 1 приведены результаты оценки среднеквадратической погрешности восстановления 5 различных изображений разными методами интерполяции.

Таблица 1 – Результаты оценки среднеквадратической погрешности восстановления изображений при значениях M =4

Изображение	Субполосный метод интерполяции	Метод линейной интерполяции	Метод бикубической интерполяции
И1	0,148	0,285	0,212
И2	0,139	0,273	0,205
И3	0,147	0,268	0,201
И4	0,146	0,271	0,210
И5	0,140	0,269	0,198

Анализ данных таблицы 1 показывает, что меньшую погрешность дает субполосный метод интерполяции масштабирования изображений.

На основании сравнительных исследований показано, что метод субполосной интерполяции масштабирования изображений позволяет более точно восстанавливать информацию между интервалами дискретизации при этом сохраняется четкость границ объектов; при масштабировании фрагментов изображений до 4 раз погрешность восстановления не превосходит 15%, что доказывает его эффективность по сравнению с существующими.

Список использованных источников

1. Красильников Н.Н., Цифровая обработка 2D- и 3D-изображений: учебное пособие. – СПб.: БХВ-Петербург, 2011. – 608 с.
2. Жиляков Е.Г., Черноморец А.А., Об интерполяции изображений на основе субполосного анализа-синтеза / Актуальные проблемы прикладной математики, информатики и механики: Сборник трудов Междунар. конференции, Воронеж, 26-28 ноября 2012 г.: в 2 ч. Ч. 2. – Воронеж: Издательско-полиграфический центр Воронежского государственного университета, 2012. – С. 112-116.
3. Черноморец А.А., Прохоренко Е.И., Голощапова В.А., О свойствах собственных векторов субполосных матриц / Научные ведомости БелГУ. Сер. История. Политология. Экономика. Информатика. – 2009. – № 7 (62). – Вып. 10/1. – С. 122-128.
4. Жиляков Е.Г., Черноморец А.А., Лысенко И.В., Метод определения точных значений долей энергии изображений в заданных частотных интервалах / Вопросы радиоэлектроники, сер. РЛТ. - 2007. - Вып.4. - С. 115-123.

Гильмутдинов А.Х.
д.т.н., доцент
Гильметдинов М.М.
аспирант
ФГБОУ ВПО «Казанский национальный исследовательский технический университет имени А.Н. Туполева»
agilmutdinov@rambler.ru, marat-kzn@list.ru

ТЕРМИНОЛОГИЯ И УСЛОВНЫЕ ГРАФИЧЕСКИЕ ОБОЗНАЧЕНИЯ *RC*-ЭЛЕМЕНТОВ С РАСПРЕДЕЛЕННЫМИ ПАРАМЕТРАМИ

Известно, что пленочные структуры, выполненные в виде нанесенных друг на друга проводящих, диэлектрических и резистивных слоев, обладающие свойствами длинных RC-линий, подобно обычным цепям из R- и C- элементов с сосредоточенными параметрами (RC-ЭСП) используются в микроэлектронных конструкциях в качестве пассивных фильтров, фазосдвигающих и времязадающих элементов, а также фрактальных элементов в различных устройствах обработки сигнала [1], обеспечивая более высокие компактность, надежность, лучшие электрические характеристики.

В общем случае электрические характеристики этих многослойных пленочных RC-структур с распределенными параметрами (RC-структур) можно изменять в широких пределах различными способами: изменением количества и порядка чередования слоев, заданием определенных электрофизических свойств материалов слоев, толщины и геометрической формы слоев, изменением количества и места подключения токоотводов, различными способами включения в схему и т.д., без увеличения числа элементов в схеме [2, 24].

Таким образом, фактически можно говорить о новом классе функциональных элементов, осуществляющих линейное (при использовании соответствующих материалов и нелинейное) преобразование электрических сигналов не за счет схемотехнических решений, а при задании определенных свойств среды и за счет способа включения функционального элемента в схему. Уже изданы монографии по проектированию и применению таких элементов (см. библиографию в [1; 2]).

Однако до настоящего времени нет единого термина в обозначении реальных конструктивных элементов, изготовленных на базе таких *RC*-структур с распределенными параметрами и их моделей. Ниже приведем различные названия таких элементов в хронологическом порядке их появления на страницах научных изданий, которыми мы располагаем (см. библиографию в [1; 2]).

RC-цепь с распределенными параметрами – «*RC*-линия» (Сааков Э.О. – 1954), распределенная *RC*-цепь (Smith A.B., Cooper G. – 1956, Heizer, K. W. – 1962), неоднородная передающая *RC*-линия (Starr A.T. – 1962), сужающиеся распределенные RC-цепи, сужающиеся распределенные *RCG*-цепи (Kaufmann, W.M., Garrett, S. J. – 1962; Ghausi, M.S., Herskowitz, G.J. – 1963), полубесконечный *RC*-кабель (Нигматуллин Р. Ш. – 1962), микроэлемент с распределенными *RC*-звеньями (Агаханян Т. М. – 1963), экспоненциальные распределенные *RC*-цепи, экспоненциально сужающиеся *RC*-линии (Hellstrom, M. J. – 1963), пленочные распределенные *RC*-цепи (Афанасьев К.Л., Головченко Б.Б. – 1965), распределенные *RC*-структуры (Галицкий В.В. – 1966), распределенные *R-C-NR*- структуры (Колесов Л.Н., Механцев Е.Б. и др. – 1966), *C-R-C*-схемы с распределенными параметрами (Занявичус Д.В. – 1967), тонкопленочная *RC*-структура с распределенными параметрами (Заумыслов Ю.В. и др. – 1968), многослойные распределенные *RC*-цепи (Hruby I., Novak M. – 1970; Chang, F. Y – 1970), *RC*-структура с неоднородными распределенными параметрами (Дмитриев В.Д., Меркулов А.И. – 1971), однородные распределенные *RC*-цепи (Шкулипа А.В. – 1971), однородная *RC*-структура (Хьюлсман Л.П. – 1972), управляемый светом и напряжением смещения *RC*-микрофильтр с распределенными параметрами (Руднев В.В., Нифонтов Н.Г. – 1972), ступенчатые *RC*-структуры (Ефимов Г. С. – 1972), распределенный *RC*-импеданс с постоянной фазой (Nathan Amos, Even Reed K. – 1973), распределенная *RC*-линия, распределенная *RGC*-линия (Bialko M., Guzinski A. – 1974; Neelkantan M.N. – 1975; Guzhinski A. – 1976), *RC*-элемент с распределенными параметрами (Gits H.J. – 1976), *RC*-элемент с поверхностно-распределенными параметрами (Гильмутдинов А.Х. – 1985), базовая конструкция распределенного *RC*-элемента на основе пленочной *R-C-0* структуры (Гильмутдинов А.Х. – 1996), комплементарный *RC*-элемент с распределенными параметрами (Гильмутдинов А.Х. Ушаков П.А. – 1996), фрактальные резистивно-емкостные структуры (Гильмутдинов А.Х. – 1997), пленочный базовый распределенный резистивно-емкостный элемент (Гильмутдинов А.Х. – 2005).

Здесь мы отметили только тех авторов, которые предложили новое наименование элемента, с указанием года публикации статьи, опустив название самой статьи. В целом, из анализа предложенных названий (приведенных не только здесь) элементов видно, что: 1) в большинстве в предложенных терминах нет различия между реальным или анализируемым конструктивным элементом и его моделью (схемы замещения), т.е. не ясно, что анализируется конструкция или модель (часто встречающаяся ошибка: иногда емкостной элемент называют конденсатором и т.п.); 2) в некоторых названиях элементы конструкции присутствуют вперемежку с элементами модели (микроэлемент с ... *RC*-

звеньями; пленочные ... RC-цепи; многослойные ... RC-цепи); 3) из большинства названий не ясно: одномерная или двумерная, однородная или неоднородная конструкция (модель) элемента), какова структура его слоев; 4) присутствует тавтология в названии элемента (распределенная RC-линия) и т.п. Отметим, что некоторые неточности могут быть обусловлены и не точностью перевода.

С учетом анализа известных названий нами предложено называть реальные конструктивные элементы, изготовленные на базе RC-структур с распределенными параметрами при задании системы внешних выводов, геометрии и конфигурации чередующихся слоев, и др., **RC-элементами с распределенными параметрами** (RC-ЭРП).

В целом конструкции RC-ЭРП могут быть многослойными и планарными. Планарные конструкции оставим за рамками нашей работы. Очевидно, что многослойные RC-ЭРП в зависимости от сложности конструктивного исполнения могут быть принципиально трехмерными или позволяющими моделировать с приемлемой для практики степени точности с помощью двумерных или одномерных моделей. Таким образом, можно говорить о принципиально трехмерной конструкции RC-ЭРП (с появлением 3D – принтеров такие конструкции не за горами) и более простой: двумерной или одномерной.

Поскольку конструктивные варианты RC-ЭРП, используемые в радиоэлектронике, представляют собой элементы конечной длины, то и для их анализа используют отрезки RC-линий конечной длины. Здесь, на наш взгляд, есть смысл ввести понятие идеализированных пассивных элементов с распределенными RC-параметрами ИП RC-ЭРП). Несколько слов в защиту этого предложения. 1) Эти ИП RC-ЭРП могут служить простейшей моделью соответствующих конструктивных вариантов реальных элементов; 2) на основе простейших ИП RC-ЭРП можно будет моделировать более сложные конструктивные варианты реальных элементов; 3) ИП RC-ЭРП могут стать основой метода конечных распределенных элементов, где конечные элементы будут замещаться простейшими ИП RC-ЭРП [2, 142].

Нами предлагаются следующие идеализированные пассивные RC-ЭРП с соответствующими структурами слоев: одномерный однородный (ОО), одномерный неоднородный (ОН), двумерный однородный (ДО), двумерный неоднородный (ДН), а также различные комбинации ДО и ДН для многослойных RC-ЭРП.

Примеры: 1) ОО R-C-G-0 ЭРП – идеализированный одномерный (распределение потенциала в резистивных слоях зависит только от одной пространственной координаты) однородный по длине (погонные параметры линии постоянны) RC-ЭРП со структурой слоев вида R-C-G-0. Т.е. данный элемент является отрезком идеализированной однородной RC-линии со структурой слоев вида R-C-G-0. 2) ОН R-C-NR ЭРП идеализированный одномерный неоднородный по длине (погонные параметры линии зависят от длины) *RC*-ЭРП со структурой слоев вида *R-C-NR* (т.е. отрезок идеализированной неоднородной *RC*-линии со структурой слоев вида *R-C-NR*). 3) ДН-ДО *R*1-*C*-*R*2 ЭРП – это идеализированный двумерный (распределение потенциала в резистивных слоях зависит от двух пространственных координат) неоднородный по поверхности (удельные параметры элемента зависят от пространственных координат) верхнего *R*1 резистивного слоя и двумерный однородный по поверхности (удельные параметры элемента не зависят от пространственных координат) нижнего *R*2 резистивного слоя *RC*-ЭРП со структурой *R*1-*C*-*R*2.

Несколько слов об УГО элементов. Анализ работ отмеченных авторов показывает, что неясно: 1) к чему УГО относится – к реальному элементу или модели; 2) какая модель: одномерная или двумерная, однородная или неоднородная; 3) какова зависимость от внешних и внутренних полей. В данной работе мы предлагаем взять за основу УГО, предложенное Афанасьевым К.Л. и Головченко Б.Б. в 1965г. (см. рис.1*в*) для обозначения ОО *RC*-ЭРП со структурой слоев вида *R-C*-0, которое хорошо согласуется с «ГОСТ 2.728-74. ЕСКД. Обозначения условные графические в схемах. Резисторы, конденсаторы». Отличительные, мнемонически закрепляющие, признаки предлагаемого нами варианта постоянного *RC*-ЭРП изображены на рис.1. Для обозначения переменных, подстроечных *RC*-ЭРП и элементов, управляемых внешними (тензо-, термо- и т.п.) и внутренними полями, а также отводов от резистивного слоя рекомендуем воспользоваться хорошо разработанным арсеналом ГОСТ 2.728-74.

а)   *б)*   *в)*   *г)*

Рис.1. Примеры УГО одномерных и двумерных, однородных и неоднородных RC-ЭРП с различными структурами слоев: *а)* ОО *R-C-G*-0 ЭРП; *б)* ОН *R-C-NR* ЭРП; *в)* ДО *R-C*-0 ЭРП; *г)* ДН-ДО *R*1-*C*-*R*2 ЭРП

Для обозначения реальных конструктивных элементов рекомендуем воспользоваться УГО ДО *RC*-ЭРП с соответствующей структурой слоев с указанием дополнительных признаков управления по ГОСТ 2.728-74.

Поскольку *RC*-ЭРП по своей сути является многофункциональным элементом, то с целью уменьшения экономических затрат принято (по аналогии с базовыми матричными кристаллами, программируемыми логическими интегральными схемами и т.п.) сначала изготавливать некоторую технологическую заготовку, которую называют базовой конструкцией. Из этой многофункциональной заготовки с помощью таких технологических процессов, как лазерная резка всех слоев или избирательно только верхнего резистивного слоя, химическое травление или электроискровое выжигание части проводящей обкладки, легко можно получить необходимые характеристики элемента [3, 21].

Литература

1. Фракталы и дробные операторы / Предисловие акад. Ю.В. Гуляева и чл.-кор. РАН С.А. Никитова / Под общ. ред. А.Х. Гильмутдинова. – Казань: Изд-во «Фэн» Академии наук РТ, 2010. – 488с.

2. *Гильмутдинов А.Х.* Резистивно-емкостные элементы с распределенными параметрами: анализ, синтез и применение. – Казань: Изд-во Казан. гос. техн. ун-та, 2005. – 350с.

3. *Гильмутдинов А.Х.* Пленочный базовый распределенный резистивно-емкостный элемент: выбор, модель, анализ, функциональные возможности // Вестник КГТУ им. А.Н. Туполева. 2005. №3, С.21–28.

Гильмутдинов А.Х.
д.т.н., доцент
Гильметдинов М.М.
аспирант
ФГБОУ ВПО «Казанский национальный исследовательский технический университет имени А.Н. Туполева»
agilmutdinov@rambler.ru, marat-kzn@list.ru

ОБОБЩЕННЫЕ УРАВНЕНИЯ n-СЛОЙНОГО ДВУМЕРНОГО НЕОДНОРОДНОГО РЕЗИСТИВНО-ЕМКОСТНОГО ЭЛЕМЕНТА С РАСПРЕДЕЛЕННЫМИ ПАРАМЕТРАМИ

Известно, что электрические характеристики элементов на основе резистивно-емкостной среды (резистивно-емкостных элементов с распределенными параметрами – RC-ЭРП) можно изменять в широких пределах различными способами [1, 24]: изменением количества и порядка чередования слоев и их перекрытия; заданием толщины и геометрической формы слоев; изменением количества, местоположения контактов и их конфигурации; вводя вырезы различной формы в слои, а также заданием определенных электрофизических свойств материалов слоев, различными способами включения этих элементов в схему и т.д. Очевидно, что для анализа таких в общем случае многослойных неоднородных конструктивных элементов нужна соответствующая математическая модель.

В работе [2, 16] были получены системы уравнений в частных производных для 3-х и 5-и слойного идеализированного двумерного неоднородного резистивно-емкостного элемента с распределёнными параметрами соответственно со структурами слов вида $R1$-C-$R2$ и 0-$C1$-R-$C2$-0 (Здесь и далее R – резистивный, C – диэлектрический, 0 – проводящий слои).

В данной работе получены уравнения в частных производных для n – слойного идеализированного двумерного неоднородного резистивно-емкостного элемента с распределёнными параметрами со структурой слоев вида R_i-C_i-R_{i+1} (n-ДНRC–ЭРП), фрагмент которого приведен на рис. 1. Соответствующее уравнение для i-го слоя n-ДНRC–ЭРП со структурой слоев вида R_i-C_i-R_{i+1} имеет вид:

$$\nabla^2 \varphi_i - \frac{\nabla \rho_{\square i}(x,y)}{\rho_{\square i}(x,y)} \nabla \varphi_i = \rho_{\square i}(x,y) \left[c_{0(i-1,i)}(x,y) \frac{\partial(\varphi_i - \varphi_{i-1})}{\partial t} + c_{0(i,i+1)}(x,y) \frac{\partial(\varphi_i - \varphi_{i+1})}{\partial t} \right], \quad (1)$$

где φ_i – потенциал i-го резистивного слоя, здесь $\varphi_i = \varphi_i(x,y)$;

$\rho_{\square i}(x,y)$ – сопротивление квадрата i-го резистивного слоя R_i;

$c_{0(i-1,i)}(x, y)$ – удельная (на единицу поверхности диэлектрического слоя) емкость между (i-1)-м и i-м резистивными слоями;

$c_{0(i,i+1)}(x, y)$ – соответственно удельная емкость между i-м и (i+1)-м резистивными слоями.

Для установившегося режима выражение (1) можно переписать в операторной форме в следующем виде:

$$\nabla^2 \Phi_i(x, y, p) - \frac{\nabla \rho_{\square i}(x, y)}{\rho_{\square i}(x, y)} \nabla \Phi_i(x, y, p) = p\rho_{\square i}(x, y)c_{0(i-1,i)}(x, y)[\Phi_i(x, y, p) - \Phi_{i-1}(x, y, p)] +$$

$$+ p\rho_{\square i}(x, y)c_{0(i,i+1)}(x, y)[\Phi_i(x, y, p) - \Phi_{i+1}(x, y, p)] \quad , \tag{2}$$

где ∇^2 и ∇ – операторы Лапласа и Гамильтона на плоскости (x,y), $\Phi_i(x, y, p)$ – потенциал i-го резистивного слоя в операторной форме.

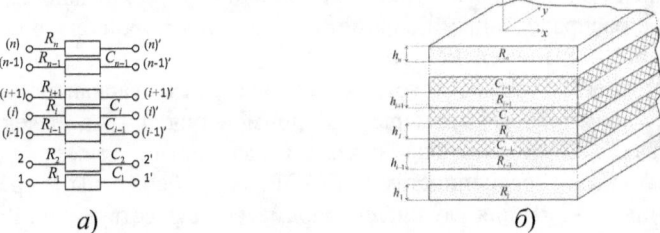

Рис.1. n – слойный идеализированный двумерный неоднородный RC–ЭРП со структурой слоев вида R_i-C_i-R_{i+1}:
a – условное графическое обозначение n-ДНRC–ЭРП, $б$ – фрагмент n-ДНRC–ЭРП

Уравнение (2) представляет собой дифференциальное уравнение распределения потенциала в i-м резистивном слое R_i для установившегося режима в операторной форме. Для нижнего резистивного слоя R_1 (т.е. для i=1), учитывая, что $c_{0(0,1)} \equiv 0$ (т.е. диэлектрик отсутствует) и соответственно потенциал отсутствующего слоя $\Phi_0 \equiv 0$, из (2) получим:

$$\nabla^2 \Phi_1(x, y, p) - \frac{\nabla \rho_{\square 1}(x, y)}{\rho_{\square 1}(x, y)} \nabla \Phi_1(x, y, p) = p\rho_{\square 1}(x, y)c_{0(1,2)}(x, y)[\Phi_1(x, y, p) - \Phi_2(x, y, p)]. \tag{3}$$

Аналогично для верхнего резистивного слоя R_n, учитывая, что $c_{0(n,n+1)}(x, y) \equiv 0$ и $\Phi_{n+1}(x, y, p) \equiv 0$), из (2) имеем:

$$\nabla^2 \Phi_n(x, y, p) - \frac{\nabla \rho_{\square n}(x, y)}{\rho_{\square n}(x, y)} \nabla \Phi_n(x, y, p) = p\rho_{\square n}(x, y)C_{0(n-1,n)}(x, y)[\Phi_n(x, y, p) -$$

$$- \Phi_{n-1}(x, y, p)]. \tag{4}$$

Выражения (3) и (4) для n=2 полностью совпадают с соответствующими выражениями, приведенными в [1, 44; 2, 16].

Таким образом, система уравнений (2) – (4) полностью описывает n – слойный идеализированный двумерный неоднородный резистивно-емкостной элемент с распределёнными параметрами со структурой слоев вида R_i-C_i-R_{i+1}. На основе этой системы уравнений предложена классификация n-ДНRC–ЭРП как по распределению потенциала в его резистивных слоях, так и в зависимости от структуры его слоев, которая охватывает все известные варианты идеализированных многослойных RC–ЭРП. Приведены уравнения в частных производных для полученных в рамках предложенной классификации вариантов RC-ЭРП. Показано, что все уравнения, полученные в рамках данной классификации можно решить методом конечных многослойных распределенных элементов (МКМРЭ). МКМРЭ является дальнейшим развитием МКРЭ, предложенного в работе [3, 218], и построен на основе n – слойного идеализированного одномерного однородного и/или неоднородного резистивно-емкостного элемента с распределёнными параметрами со структурой слоев вида R_i-C_i-R_{i+1} (n-ООRC–ЭРП / n-ОНRC–ЭРП).

Приведены также конструкции основных вариантов RC-ЭРП, наиболее характерные примеры их применения в радиоэлектронных устройствах (РЭУ), показана связь характеристик этих устройств с конструктивными особенностями RC-ЭРП и обсуждены перспективы применения RC-ЭРП для улучшения параметров существующих РЭУ и для создания новых устройств, не имеющих аналогов на традиционной элементной базе.

Литература

1. Гильмутдинов А.Х. Резистивно-емкостные элементы с распределенными параметрами: анализ, синтез и применение. – Казань: Изд-во Казан. гос. техн. ун-та, 2005. – 350с.
2. Рожанковский Р.В. Анализ цепей с распределенными по поверхности RC-параметрами // Теоретическая электротехника. 1967, вып. 4. С.16–22.
3. Гильмутдинов А.Х. Гоппе А.А. Анализ RC-элементов с поверхностно-распределенными параметрами методом конечных распределенных элементов // Тезисы докладов научно-техн. конф. КАИ по итогам работы за 1992-93 г.г. (Казань, 4-15 апр., 1994г.). – Казань: КАИ, 1994. – С. 218.

Курзанов А.Д., Леонтьев С.В, Шаманов В.А.
ассистенты кафедры «СИМ», ФГБОУ ВПО «ПНИПУ»

ЭКСПЕРИМЕНТАЛЬНЫЕ РАЗРАБОТКИ В ОБЛАСТИ АВТОКЛАВНОГО ГАЗОБЕТОНА

В последнее время четко прослеживается тенденция роста стоимости теплоносителя и электроэнергии, будь-то газ, горячая вода или любой другой энергоноситель [1]. В связи с этим энерго- и ресурсосбережение является приоритетным направлением современной политики в области строительных материалов и изделий. Говоря об энергосбережении, нельзя не отметить возрастающие требования к теплозащите ограждающих конструкций и повышению комфортного микроклимата зданий и сооружений.

В условиях современного строительства широкое распространение получил автоклавный газобетон (АГБ, газосиликат).

Кафедра строительного инжиниринга и материаловедения пермского политехнического университета совместно с ОАО «ПЗСП» в настоящее время ведет разработки по трем направлениям в области автоклавного газобетона:

1. Разработка состава теплоизоляционного материала с повышенными теплофизическими характеристиками;

2. Расширение сырьевой базы региона, пригодной для производства газосиликата;

3. Повышение строительно-эксплуатационных свойств газобетона марки по средней плотности D500.

1. Разработка состава теплоизоляционного газобетона

Анализируя данные по производству автоклавного газобетона можно отметить, что на сегодняшний день российскими заводами выпускаются изделия из газосиликата с маркой по средней плотности D300-D700. Усредненный показатель средней плотности всей выпущенной по стране продукции данного вида составляет 521 кг/м^3. Если проводить параллель с данными двадцатилетней давности, то в 1989 г. средняя плотность выпускаемого ячеистого бетона составляла 643 кг/м^3 [2, 43].

Таким образом, за более чем 20 лет плотность выпускаемых изделий снизилась на 20%. Данная тенденция предполагает будущее направление развития ячеистых бетонов.

Так на основании вышесказанного был проведен ряд исследований по разработке теплоизоляционно-конструкционного автоклавного газобетона с улучшенными теплофизическими характеристиками. В результате экспериментов был получен газосиликат с плотностью 250 кг/м^3, по своим физико-механическим и теплотехническим характеристикам отвечающий требованиям ГОСТ 31359 (таблица 1).

Таблица 1 - Характеристики разработанного теплоизоляционно-конструкционного газобетона

Характеристика	Значение
Плотность, кг/м^3	250
Теплопроводность, Вт/(м*К)	0,06
Предел прочности при сжатии, МПа	1,0
Предел прочности при изгибе, кгс/см^2	0,5
Коэффициент размягчения	0,75
Общая пористость, %	90

Достижение представленных выше результатов стало возможным за счет точности дозирования исходных компонентов, их оптимального соотношения, а также благодаря ряду технологических приемов, применение которых позволило получить необходимое вспучивание массива. Что касается прочностных показателей материала, то для повышения механических свойств ячеистых бетонов были использованы такие эффективные способы как дисперсное армирование базальтовой фиброй и модифицирование материала углеродными наноструктурами.

Установлено, что основным фактором, способствующим улучшению механических свойств, является изменение структуры стенок пор за счет дисперсного упрочнения.

2. Расширение сырьевой базы региона для производства газобетона

Данное направление разработок обусловлено малым количеством природных ресурсов, отвечающих требованиям нормативных документов для производства ячеистых силикатных бетонов. Суммарный объем запасов осадочных горных пород категории А+В+С$_1$ составляет порядка 160-170 млн м^3. Однако для получения строительной извести, применяемой для производства газобетона, пригодно лишь 13%.

Подобная картина наблюдается и с песками: для производства газобетона возможно использование 19% общего запаса строительных песков.

В свою очередь, требования к качеству сырья строго регламентируются ГОСТ 31359-2007 «Бетоны ячеистые автоклавного твердения. Технические условия» и устанавливают:
- активность извести (CaO+MgO) не менее 70%;
- содержание SiO$_2$ в песке не менее 85%.

Эксперимент, целью которого являлось установление возможности получения газосиликата различной плотности с требуемыми нормативными качественными характеристиками на низкоосновной извести и песках, содержащих различное количество SiO$_2$, предусматривал проведение 5 опытов. План эксперимента, а также результаты приведены в таблице 2.

Таблица 2 – План и результаты эксперимента

Показатель	Номер состава				
	1	2	3	4	5
Марка по средней плотности	D500			D300	
$C_{св}$	1,67		3,0	2,5	
n	0,55			0,4	
CaO+MgO, %	57		61	62	
SiO_2, %	90,0	99,5	90,0	90,0	99,5
В/Т	0,48	0,47	0,48	0,6	0,58
Средняя плотность, кг/м^3	517	488	484	297	314
Прочность на сжатие, МПа	1,56	1,53	2,6	0,4	0,66
Прочность при изгибе, кгс/см^2	11,6	16,4	8,9	4,7	4,7
Теплопроводность, Вт/(м·°С)	0,134	0,119	0,123	0,081	0,079

Полученный газобетон удовлетворяет требованиям стандартов по обеспечению прочности при сжатии, но не удовлетворяет по обеспечению необходимой теплопроводности. Однако это связано, в первую очередь, с нарушением процесса структурообразования, а не с качеством сырья.

Кроме того, результаты опытов показали, на свойства газосиликата влияет не только характеристика исходного сырья, но и, в большей степени, расчетный состав исходной смеси. Данное утверждение корректно и для D500, и для D300.

3. Повышение строительно-эксплуатационных свойств газобетона

Основной гипотезой этой группы экспериментальных исследований является предположение о возможности повышения качества автоклавного газобетона путем введения в состав смеси добавок различного функционального назначения. Введение добавок позволит управлять структурой материала, что, в свою очередь, может повлечь за собой повышение прочности, а также повышение стойкости материала в агрессивных средах.

На данный момент исследованы свойства газосиликата с рядом химических модификаторов, положительно зарекомендовавших себя в технологии тяжелых бетонов. Наиболее эффективными оказались поликарбоксилатный пластификатор GLENIUM® 115 и кольматирующие добавки системы «ПЕНЕТРОН».

Установлено, что пластификатор GLENIUM® 115 позволяет снизить отношение В/Т на 0,05-0,07 при сохранении текучести смеси. В конечном итоге это оказывает влияние на характер пористости материала.

Также установлено, что добавка «ПЕНЕТРОН АДМИКС» увеличивает прочность за счет улучшения структуры материала. Это обеспечивается благодаря снижению дефектности микроструктуры, образующейся в результате технологических переделов и влияющей на свойства композитов, за счет уменьшения количества негативной нано-, микро- и макропористости.

В таблице 3 приведены сравнительные характеристики бездобавочного газобетона и газобетона, в состав которого введены 0,5% GLENIUM® 115 и 1,0% «ПЕНЕТРОН АДМИКС» (от массы вяжущего).

Таблица 3 – Сравнение показателей газобетона

Показатель	Без добавки	С добавкой
В/Т	0,55	0,45
Средняя плотность, кг/м^3	559	554
Прочность на сжатие, МПа	3,5	3,4
Прочность при изгибе, кгс/см^2	12,0	12,6
Коэффициент размягчения	0,73	0,81
Теплопроводность, Вт/(м·°С)	0,133	0,131
Открытая пористость, %	37	31
Закрытая пористость, %	40	47
Общая пористость, %	77	78

Показатели механической прочности у составов сопоставимы, однако водостойкость материала с добавкой значительно превосходит водостойкость бездобавочного газосиликата. Кроме того, анализируя характер пористости, можно предположить, что морозостойкость бездобавочного АГБ также будет уступать модифицированному материалу.

Внедрение результатов научно-исследовательских экспериментов позволит решить комплекс производственных и экономических задач:

1. Расширить спектр теплоизоляционных материалов;
2. Снизить себестоимость производства изделий за счет применения местного низкокачественного сырья;
3. Более полно использовать добываемые природные ресурсы, т.е. уменьшить количество отходов;
4. Расширить области применения газобетонных изделий за счет увеличения стойкости материала к воздействию агрессивных факторов;

Представленные результаты являются лишь началом работы по оптимизации состава и свойств газобетона. На данный момент первостепенные вопросы, связанные с особенностями структуры и свойств газобетона, с его долговечностью, требуют комплексного подхода, как со стороны исследовательских институтов, так и со стороны производства.

Литература

1. Официальный сайт федеральной службы государственной статистики [Электронный ресурс] / М., 2013: Режим доступа: http://www.gks.ru/
2. Вишневский А.А., Гринфельд Г.И., Куликова Н.О. Анализ рынка автоклавного газобетона России // Строительные материалы. – 2013. -№ 7. – С. 40-44.

**Билык А. А., Бовкун Г. Ю., Белоус Д. В.,
Новиков А. А., Глущенко А. И., Панасовская Ю. В.**
студенты кафедры социальной информатики ХНУРЭ
Данилов А. Д. - старший преподаватель кафедры СИ

АНАЛИЗ КОНКУРЕНТОСПОСОБНОСТИ УКРАИНЫ В МЕЖДУНАРОДНЫХ ОТНОШЕНИЯХ

В условиях развития международных экономических отношений интеграция Украины в Евросоюз (ЕС) является актуальным вопросом для развития экономического потенциала государства. Для успешной интеграции в ЕС необходимо заложить мощный фундамент для развития внутренней экономики, который формируется в отдельно взятых организациях. Формирование устойчивых связей между отдельными странами, компаниями и организациями различных форм собственности происходит на основе международного сотрудничества, углубление которого является объективным условием развития экономической интеграции.

Конкурентоспособность национальной экономики в современном мире во многом определяется способностью государства использовать современные информационные технологии и инновационные методы ведения бизнеса. Развитие научно–технической базы является необходимым фактором для повышения конкурентоспособности производства и промышленности. От уровня развития научно–технической базы государства зависят темпы научно-технического обновления материальной базы, рост производительности труда во всех сферах и отраслях, уровень благосостояния населения.

Развитие научно–технической базы происходит под влиянием конкуренции с внутренней и внешней средой. Здоровая конкуренция между предприятиями и организациями в государстве позволяет: повысить уровень научно–технической базы, повысить личностные качества работников, разработать новые методы и подходы, повысить качество обслуживания и оптимизировать затраты до европейского уровня, постоянно искать и использовать в производстве новые возможности, вводит новые формы управления.

Украина имеет низкий уровень экономического развития по сравнению со странами ЕС, что в первую очередь связано с отсутствием систематического внедрения технологий ноосферного этапа развития науки. Для эффективной оценки уровня развития организации необходимо проводить анализ не только конкурентов на внутреннем рынке, но и проводить сравнительный анализ конкурентов работающих в мировом масштабе. В представленной работе приводятся краткие результаты анализа конкурентоспособности украинских предприятий и Украины в целом относительно мирового сообщества. В начале приведем определение понятия конкурентоспособность для лучшего понимания сути рассматриваемого вопроса.

"Конкурентоспособность – это явление, органически присущее рыночной системе ведения хозяйства, при котором одни производители в силу наличия некоторых ключевых преимуществ перед другими производителями обладают способностью наилучшим образом удовлетворить потребности рынка и тем самым достигают на нем господствующего положения" [1, 23].

В результате анализа конкурентоспособности Украины были выявлены такие проблемы [2, 4]:

1. Общественные и частные учреждения непрозрачны и неэффективны, в них господствует коррупция и фаворитизм;
2. Нет эффективной системы законодательного регулирования;
3. Недостаточная защищенность прав собственности препятствует развитию бизнеса;
4. Напряженная криминогенная обстановка, проблема недостаточно надежной работы;
5. Недостаточно развитые частные учреждения и вопрос низких стандартов корпоративного управления, которые подрывают доверие инвесторов и развитие рынка ценных бумаг;
6. Внутренняя и внешняя конкуренция, как самые важные движущие силы эффективности рынка, ослаблены неэффективной антимонопольной политикой и искаженной налоговой схемой;
7. Новейшие технологии не находят широкого распространения в Украине, и компании часто не хотят или не могут их адаптировать для усовершенствования производственных процессов и продукции.

Также были выявлены следующие преимущества Украины по сравнению с другими развивающимися странами [2, 4]:

1. Большой внутренний рынок с увеличивающейся покупательской способностью, украинский бизнес также обслуживает большое количество рынков экспорта;
2. Высокий уровень высшего образования и профессиональной подготовки.

Для развития своих конкурентных преимуществ и развития государства в целом, необходимо использовать наиболее эффективные и современные технологии, а в частности информационные технологии ведения бизнеса.

Современный неосферный этап развития науки подразумевает применение методов и технологий, основанных на знаниях. Особенно важным это является для информационной сферы. В частности, для повышения конкурентоспособности Украины целесообразно использовать методы и технологии управления знаниями.

"Управление знаниями или менеджмент знаний – это систематические процессы, благодаря которым создаются, сохраняются, распределяются и применяются основные элементы интеллектуального капитала, необходимые для успеха организации; стратегия, трансформирующая все виды интеллектуальных активов в более высокую производительность, эффективность и новую стоимость" [1, 34].

Проводя анализ методов повышения конкурентоспособности Украины на мировом рынке, было выявлено следующее:

– Украина имеет ряд недостатков, которые возможно устранить за счет использования современных ноосферных методов развития науки;

– Несмотря на недостаточный уровень экономического развития, Украина имеет ряд преимуществ по сравнению с другими развивающимися странами;

– Для повышения конкурентоспособности Украины на мировом рынке, необходимо применение методов управления знаниями на государственном уровне, что позволит повысить интеллектуальный капитал, как обычных украинцев, так и руководителей государства;

– необходимы инвестиции в социальный и интеллектуальный капитал.

В результате анализа конкурентоспособности Украины было выявлено, что Украине необходимо внедрение современных знаниеориентированных информационных технологий ведения бизнеса и обучения сотрудников, подобные технологии уже несколько лет активно развиваются на Западе и Востоке. Несмотря на ряд имеющихся недостатков необходимо отметить, что в Украине начинают развиваться такие востребованные специальности как "Консолидированная информация" и "Социальная информатика", выпускники которых обладают необходимыми знаниями для внедрения знаниеориентированных методов и технологий в работе организаций. Дальнейшее развитие научных направлений связанных со знаниями позволит Украине в ближайшем будущем повысить свою конкурентоспособность на мировом рынке, провести успешную интеграцию в ЕС и заложить мощный фундамент для развития внутренней экономики.

Литература

1. Чайникова, Л.Н., Чайников В.Н. Конкурентоспособность предприятия [Текст]: учеб. пособие / Л.Н. Чайникова, В. Н. Чайников. – Тамбов: Изд–во Тамб. гос. техн. ун–та, 2007. – 192 с.

2. Слободчикова Ю.В. Проблемы повышения конкурентоспособности экономики Украины [Электронный ресурс] // Экономика строительства и городского хозяйства – 2009. – Т. 5, № 4. – С.203–208 – Режим доступа: www/ URL: http://archive.nbuv.gov.ua/portal/Soc_Gum/EkBud/2009_4/03.pdf – 01.10.2013 г. – Загл. с экрана.

Мирюк О.А.
д.т.н., профессор, Рудненский индустриальный институт

МАГНЕЗИАЛЬНЫЕ КОМПОЗИЦИИ НА ОСНОВЕ ТЕХНОГЕННЫХ МАТЕРИАЛОВ

Магнезиальные композиции – разновидность эффективных материалов из каустического магнезита и компонентов со слабо выраженной гидратационной способностью. Каустический магнезит вкупе с затворителем – раствором хлорида магния активизирует минеральную составляющую комбинированного материала, обеспечивая участие ее в процессах гидратообразования. Инертная часть магнезиальных композиций зачастую представлена силикатными, алюмосиликатными компонентами природного или техногенного происхождения [1, 54].

Цель работы – исследование твердения смешанных магнезиальных вяжущих, содержащих различные техногенные компоненты.

Результаты наших исследования показали, что для обеспечения прочностных свойств, сопоставимых по показателям с каустическим магнезитом, предпочтительны материалы, содержащие в основе силикаты и алюмосиликаты (отходы обогащения магнетитовых руд, бокситовый шлам, бетонный лом), аморфный кремнезем (стеклобой) [2,199].

Первое направление исследований посвящено смешанным вяжущим, полученным с использованием отходов обогащения магнетитовых руд. Минеральную основу отходов слагают силикаты, отличающиеся генезисом, составом, структурой, химической активностью и термической устойчивостью (пироксены, амфиболы, полевые шпаты, хлориты, гранаты, эпидот, скаполит). В отходах присутствуют также кальцит, пирит, магнетит и небольшое количество кварца. Полиминеральный состав техногенного материала обусловливает ступенчатый характер термических преобразований. При температуре 500 – 600^{0}С происходит окисление пирита и магнетита; при 600 – 800^{0}С – декарбонизация кальцита, интенсифицируемая продуктами разложения пирита; образование ангидрита; дегидратация амфиболов, хлоритов, эпидота. Термическая обработка сопровождается изменением цвета отходов обогащения руд: за счет окисления железистых минералов материал становится красным.

Серию смешанных вяжущих готовили путем тщательной гомогенизации каустического магнезита и предварительно измельченных отходов обогащения руд, обработанных при температурах 500, 600, 700 и 800^{0}С. Содержание техногенного компонента в вяжущих составило 70%. Для затворения вяжущих использовали раствор хлорида магния плотностью 1240 кг/м^3. Смешанные вяжущие отличаются от каустического магнезита пониженным расходом затворителя. Образцы размером 2х2х2см, изготовленные из пластичного теста, твердели на воздухе.

Часть образцов в возрасте 7 сут помещали в воду на неделю. Образцы на основе каустического магнезита растрескались уже в первые сутки пребывания в воде. Результаты испытаний представлены на рис. 1.

Анализ экспериментальных данных показал, что термическая обработка отходов незначительно влияет на темпы раннего твердения (3сут), а в последующем обеспечивает прочностные показатели, сопоставимые с контрольными значениями и даже превосходящие их на 10 – 15%. Примечательно, что смешанные вяжущие из отходов, обработанных при 600 – 700^{0}С, отличаются повышенной водостойкостью. Представляется, что характер изменения минерального состава отходов при обжиге обеспечивает повышение гидратационной активности материала. Это способствует увеличению количества устойчивых к воде новообразований.

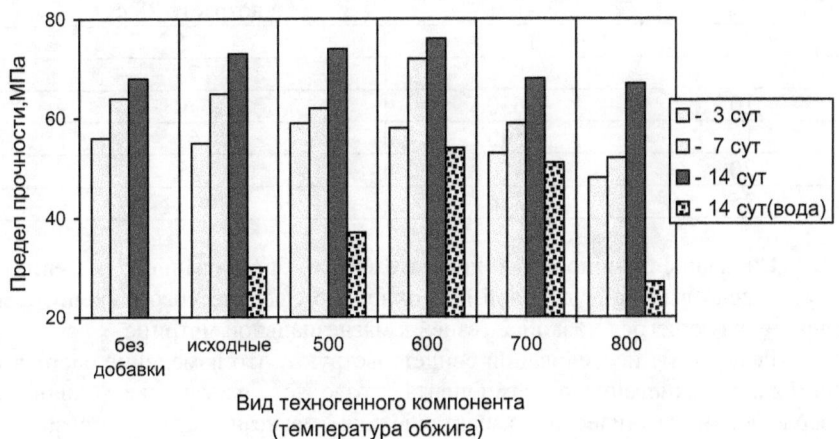

Рис. 1. Влияние температуры обработки техногенного компонента на твердение смешанных магнезиальных вяжущих

Кроме того, отходы обогащения руд, обработанные при 600 – 700^{0}С, содержат наибольшее количество ангидрита. Образование гидратов на основе ангидрита способствует уплотнению структуры камня вяжущего. Повышенная водостойкость и декоративные свойства свидетельствуют о предпочтительности смешанного вяжущего на основе техногенного компонента, обожженного при 600^{0}С.

Другое направление исследований посвящено влиянию добавки зольной микросферы на твердение каустического магнезита. Зольная микросфера – частицы диаметром 10 – 140 мкм, представленные в основном алюмосиликатами. Материал характеризуется низкими значениями насыпной плотности (400 – 500 кг/м^3) и теплозащитными свойствами.

Изучены композиции с 5 – 25% добавки микросферы (табл. 1). Введение микросферы в каустический магнезит сопровождается небольшим уменьшением расхода затворителя для приготовления пластичной массы. По мере увеличения сферического компонента снижается плотность и прочность композиций. Для обеспечения механических характеристик материала, сопоставимых с контрольным составом, содержание микросферы следует ограничить 10%.

Таблица 1

Влияние добавки микросферы на свойства магнезиальных композиций

Добавка микросферы, %	Средняя плотность композиции, кг/м^3	Предел прочности при сжатии, МПа, в возрасте 28 сут
0	1970	75
5	1830	73
10	1650	70
15	1540	61
20	1410	53
25	1350	42

Снижение прочностных показателей комбинированного материала обусловлено высокой удельной поверхностью сферического наполнителя, характеризующегося низкой адгезией к магнезиальной матрице.

Результаты исследований свидетельствуют, что изменение состава и состояния техногенного компонента позволяет регулировать процесс твердения и технические характеристики магнезиальных композиций.

Обширная минерально-сырьевая база и малая энергоемкость производства обусловливают перспективность смешанных магнезиальных вяжущих и необходимость развития технологии этих эффективных строительных материалов.

Литература

1. Кащук И.В., Верещагин В.И. Водостойкие комбинированные магнийсодержащие вяжущие с использованием железосодержащих диопсидовых пород // Известия ВУЗов. Строительство. – 1998. – № 6. – С. 54 – 58.

2. Мирюк О.А., Ахметов И.С. Вяжущие вещества из техногенного сырья. – Рудный: РИИ, 2002. – 250 с.

Стенин В.А.
доктор технических наук, САФУ (филиал, г.Северодвинск)

КОЭФФИЦИЕНТ ФОРМЫ ОГРАЖДАЮЩИХ КОНСТРУКЦИЙ ЗДАНИЙ

Энергоэффективность ограждающих конструкций зданий оценивается прежде всего по уровню теплопотерь Q, Вт, через ограждающие конструкции помещений в здании, который, в соответствии с рекомендациями [1, 27; 2,107], следует находить по формуле:

$$Q = (k_1 \cdot F_1 + k_2 \cdot F_2 + k_3 \cdot F_3 + k_4 \cdot F_4) \cdot \Delta t, \qquad (1)$$

где k_1, k_2, k_3, k_4 - соответственно требуемые приведенные коэффициенты теплопередачи наружных стен, окон и балконных дверей, чердачных перекрытий, перекрытий над подвалами, $Bm/(м^2 \cdot K)$; F_1, F_2, F_3, F_4 - соответственно площади наружных стен, окон и балконных дверей, чердачных перекрытий, перекрытий над подвалами, $м^2$; Δt - средняя за отопительный период разность расчетных температур воздуха в помещении и наружного воздуха, К.

Запишем уравнение (1) в виде приведенных теплопотерь к единице отапливаемой площади за отопительный период:

$$Q_T = \frac{Q \cdot \tau}{F}, \qquad (2)$$

где τ - отопительный период, ч/год; F - отапливаемая площадь, $м^2$; Q_T - приведенные теплопотери, кВт·ч/$м^2$·год.

Представим зависимость (2) с учетом (1) следующим образом:

$$Q_T = \left(k_1 \cdot \frac{F_1}{F} + k_2 \cdot \frac{F_2}{F} + k_3 \cdot \frac{F_3}{F} + k_4 \cdot \frac{F_4}{F} \right) \cdot \Delta t \cdot \tau. \qquad (3)$$

Величина теплопотерь через ограждающую конструкцию в определенной степени зависит от компактности здания. Компактность здания - это отношение площади всех наружных поверхностей здания, через которые рассчитываются теплопотери, к его объему [1,13]. Зарубежные стандарты в качестве понятия компактности здания используют коэффициент формы, что по сути одно и тоже, однако коэффициент формы удобнее сочетается с понятием приведенной площади ограждающей конструкции.

Преобразуем уравнение (3) к следующему виду:

$$Q_T = (k_1 \cdot W_1 + k_2 \cdot W_2 + k_3 \cdot W_3 + k_4 \cdot W_4) \cdot \Delta t \cdot \tau \cdot \frac{B}{B}, \qquad (4)$$

где W_1, W_2, W_3, W_4 - соответственно приведенные площади наружных стен, окон и балконных дверей, чердачных перекрытий, перекрытий над подвалами; В - высота этажа (помещения), м.

Приведенные площади ограждающих конструкций определяются по следующим уравнениям:

$$W_1 = \frac{F_1}{F}, \quad W_2 = \frac{F_2}{F}, \quad W_3 = \frac{F_3}{F}, W_4 = \frac{F_4}{F}, \quad W_0 = \frac{F_0}{F} = \frac{F_1 + F_2 + F_3 + F_4}{F}, \quad (5)$$

где W_0 - приведенная общая площадь наружных ограждающих конструкций.

$$W_0 = W_1 + W_2 + W_3 + W_4. \quad (6)$$

В дополнение зависимостей (4), (5) и (6), введем величины D_1, D_2, D_3, D_4, соответствующие относительным приведенным площадям наружных стен, окон и балконных дверей, чердачных перекрытий, перекрытий над подвалами:

$$D_1 = \frac{W_1}{W_0}, \quad D_2 = \frac{W_2}{W_0}, \quad D_3 = \frac{W_2}{W_0}, \quad D_4 = \frac{W_4}{W_0}. \quad (7)$$

Коэффициент формы или расчетный показатель компактности здания по СНиП 23-02-2003 следует определять по формуле [1,13]:

$$N = \frac{F_1 + F_2 + F_3 + F_4}{F \cdot B} = \frac{W_0}{B}. \quad (8)$$

С учетом зависимостей (7) и (8), уравнение теплопотерь (3) представим в функции от коэффициента формы N:

$$Q_T = (k_1 \cdot D_1 + k_2 \cdot D_2 + k_3 \cdot D_3 + k_4 \cdot D_4) \cdot \Delta t \cdot \tau \cdot N \cdot B. \quad (9)$$

При оптимизации теплопотерь через ограждения рекомендуется ориентироваться на числовые значения расчетного показателя компактности, величина которого колеблется в пределах $N = 0{,}25{,}{,}{,}1{,}1 м^{-1}$ [1,13] и зависит от этажности здания. В связи с этим целесообразно указать на оптимальные значения N: для шарообразных зданий $N = 3/R, м^{-1}$ [3,313]; для кубических зданий $N = 6/B \cdot m, м^{-1}$ [3,306]. В представленных значениях N введены следующие обозначения: R- радиус шара; m – число этажей здания; $B \cdot m$ - ребро куба.

Литература

1. СНиП 23-02-2003. Тепловая защита зданий. – М.: Госстрой России, 2004.- 33с.
2. Тихомиров К.В., Сергеенко Э.С. Теплотехника, теплогазоснабжение и вентиляция. – М.: Стройиздат, 1991. – 480с.
3. Выгодский М.Я. Справочник по элементарной математике. – М.: Наука,1969. – 416с.

Stenin V.A.
doctor of technical Sciences DEGREE (branch, Severodvinsk)

THE COEFFICIENT OF THE FORM OF BUILDINGS AND CONSTRUCTIONS

Energy efficiency of buildings and constructions is evaluated primarily on the level of heat losses Q, W, through the enclosures of the premises in the building, which, in accordance with the recommendations of [1, 27; 2,107], should be determined by the formula:

$$Q = (k_1 \cdot F_1 + k_2 \cdot F_2 + k_3 \cdot F_3 + k_4 \cdot F_4) \cdot \Delta t, \qquad (1)$$

where k_1, k_2, k_3, k_4 - is accordingly required the heat-transfer coefficients of the external walls, windows and balcony doors, attic floors, ceilings over basements, $W/(m^2 \cdot K)$; F_1, F_2, F_3, F_4 - floor space of external walls, windows and balcony doors, attic floors, ceilings over basements, m^2; Δt - average the heating period the difference of temperatures of the air in the room and outdoor air, K.

Let us write equation (1) in the form of the heat loss to the unity of the heated area for the heating period:

$$Q_T = \frac{Q \cdot \tau}{F}, \qquad (2)$$

where τ - the heating period, h/year; F - heated area, m^2; Q_T - the heat losses, kW·h/m^2· year.

Imagine dependence (2) subject to (1) as follows:

$$Q_T = \left(k_1 \cdot \frac{F_1}{F} + k_2 \cdot \frac{F_2}{F} + k_3 \cdot \frac{F_3}{F} + k_4 \cdot \frac{F_4}{F}\right) \cdot \Delta t \cdot \tau. \qquad (3)$$

The amount of heat loss through the building envelope design depends to an extent on the compactness of the building. Compactness of the building is the ratio of the square of all the external surfaces of buildings, through which the calculated heat loss to its volume [1,13]. Foreign standards as a notion of compactness of a building use form factor that essentially the same, however, the coefficient of the form easier combined with the concept of the building envelope.

Transform equation (3) to the following:

$$Q_T = (k_1 \cdot W_1 + k_2 \cdot W_2 + k_3 \cdot W_3 + k_4 \cdot W_4) \cdot \Delta t \cdot \tau \cdot \frac{B}{B}, \qquad (4)$$

where W_1, W_2, W_3, W_4 - respectively the area of external walls, windows and balcony doors, attic floors, ceilings over basements; B- floor height (premises), m.

The building envelope is determined by the following equations:

$$W_1 = \frac{F_1}{F}, \quad W_2 = \frac{F_2}{F}, \quad W_3 = \frac{F_3}{F}, W_4 = \frac{F_4}{F}, \quad W_0 = \frac{F_0}{F} = \frac{F_1+F_2+F_3+F_4}{F}, \quad (5)$$

where W_0 - the total area of the external walling.

$$W_0 = W_1 + W_2 + W_3 + W_4. \quad (6)$$

In addition dependencies (4), (5) and (6), we introduce the value D_1, D_2, D_3, D_4, corresponding to the given relative areas of external walls, windows and balcony doors, attic floors, ceilings above the cellars:

$$D_1 = \frac{W_1}{W_0}, \quad D_2 = \frac{W_2}{W_0}, \quad D_3 = \frac{W_2}{W_0}, \quad D_4 = \frac{W_4}{W_0}. \quad (7)$$

The coefficient of the form, or calculation index compactness of the building of SNiP 23-02-2003 should be determined by the formula [1,13]:

$$N = \frac{F_1+F_2+F_3+F_4}{F \cdot B} = \frac{W_0}{B}. \quad (8)$$

Taking into account the dependencies (7) and (8), equation of heat losses (3) assume the functions of the form N:

$$Q_T = (k_1 \cdot D_1 + k_2 \cdot D_2 + k_3 \cdot D_3 + k_4 \cdot D_4) \cdot \Delta t \cdot \tau \cdot N \cdot B. \quad (9)$$

When optimizing the heat loss through the fence is recommended to orientate the numerical values calculated index, compactness, the value of which ranges $N = 0,25,,,1,1m^{-1}$ [1,13] and depends on the number of storeys of the building. In this regard, it is advisable to specify the optimal values of N: for spherical buildings $N = 3/R, m^{-1}$ [3,313]; for cubic buildings $N = 6/B \cdot m, m^{-1}$ [3,306]. In the presented values of N the following notation: R - is the radius of the ball; m - number of floors in the building; $B \cdot m$ - the edge of the cube.

Literature

1. СНиП 23-02-2003. Thermal protection of buildings. - M: Gosstroy of Russia, 2004.-33p.
2. Тихомиров K.V., Sergeenko Э.С. Heat engineering, heat and ventilation. - M: Stroiizdat, 1991. - 480p.
3. Выгодский М.Я. Handbook of elementary mathematics. - M: Nauka,1969. – 416p.

Filippov V. N.
associate professor of chair «Computer facilities and engineering cybernetics»,
PhD, Ufa State Petroleum Technological University, Ufa
Sultanova E.A.
associate professor of chair «Computer facilities and engineering cybernetics»,
PhD, Ufa State Petroleum Technological University, Ufa
Mehrdad Hadji Mirarab
President Director, PhD, Mina Investment Network, Jakarta

METHOD OF WASTEWATER TREATMENT OIL FIELDS

Sewage oilfield contain large amounts of oil, surfactant (surfactant), phenols, and other harmful substances. [1] If you hit them in the open water varies smell, taste, color, surface tension, viscosity of water decreases the amount of dissolved oxygen, there are harmful organic substances, water becomes toxic properties and is a threat not only for humans but also for the environment. The presence of high concentrations in the effluent of various pollutants pose serious difficulties as wastewater treatment and disposal in the resulting sediment. In connection with the above, a method of purification of highly contaminated wastewater, allowing to significantly reduce the concentration of oil and petroleum products (emulsified in water), phenols and the surfactant in the wastewater. [2] The hardware component is a container filled with carbon nanotubes [3] and provided with a mixing device. Carbon nanotubes do not require any treatment prior to loading into the container than soaking. The sorbent has a high organic matter removal kinetics from aqueous solutions of its dynamic adsorption capacity of iodine by two orders higher than the activated carbon.

The degree of purification of waste water from organic impurities by carbon nanotubes are presented in Tables 1-3.

Table 1 - The recovery of oil from waste water

Oil concentration, mg/l		Purification factor for 1 cycle
source	final	
60	0,01	6000,0
250	0,89	280,9
500	2,05	243,9
880	5,46	161,3
1000	6,97	143,5
1500	7,99	187,7

Table 2 - The recovery from wastewater surfactantactive substance

Surfactant concentration, mg/l		Purification factor for 1 cycle
source	final	
Anionic surfactants (Sulfonol NP-3)		
20	0,06	362,3
100	0,06	1763,7
500	0,06	7788,2
Nonionic surfactant (OP-10)		
20	0,48	41,5
100	0,49	205,0
500	0,52	971,6

Table 3 - The recovery of phenols from wastewater

Phenols concentration, mg / l		Purification factor for 1 cycle
source	final	
10	0,35	28,99
20	0,83	24,21
50	2,27	22,03
100	4,68	21,38
500	23,93	20,89
1000	48,00	20,83

Cleaning results show that when using the device for wastewater treatment filled with carbon nanotubes have a single application , the concentration of oil may be reduced to 6 times, anionic surfactants (anionic surfactant), and nonionic surfactants (nonionic surfactant) - 40 times or more phenols and - more than 29 times .

To intensify the treatment of waste water from petroleum products held by a modification of the method of making a granular cellular plastic (PVC crushed sintered product) and carbon nanotubes.

Application of the method of sewage treatment, based on the use of carbon material (carbon nanotubes) can produce a deep cleaning water from oil products , phenols, surfactants and other organic compounds , as evidenced by the results of pilot tests in various enterprises .

Thus, this method can be used to create stationary industrial wastewater treatment oil companies and other industries.

References

1. V. N. Filippov Environmental aspect of refining and petrochemicals RB / V. N. Filippov, R. N. Khlestkin //Bashkirsky Chemistry Journal (2004). - Voll. 11, no. 5. - p. 52-54.
2. Patent of Russian Federation № 2159743. A method of cleaning heavily polluted water / A. P. Zinoviev, V. Filippov, E. Z. Galyamov - M., 27.11.2000.
3. Patent of Russian Federation №2108966. A method for producing carbon nanotubes coaxial / A.R. Galikeev, E.Z. Galyamov.

Пермяков А.С., Южаков К.Н., Соскин М.И.

Пермяков А.С. – зав.лаборатории кафедры Строительного инжиниринга и материаловедения, б.ст. ; Южаков К.Н. – зам.заведующего каф. СИМ, к.п.н.,доцент ; Соскин М.И. – студент 2 курса

ФГБОУ ВПО «Пермский национальный исследовательский политехнический университет» ,г.Пермь

ПРИМЕНЕНИЕ УГЛЕРОДНЫХ НАНОСИСТЕМ В ПРОИЗВОДСТВЕ НЕАВТОКЛАВНОГО ГАЗОБЕТОНА

Высокая эффективность применения изделий из ячеистых бетонов обусловлена относительно высокими прочностными и эксплуатационными свойствами при низкой плотности, позволяющей значительно снизить массу конструкции при обеспечении требуемых конструктивных и теплоизоляционных показателей, что в свою очередь создает предпосылки для эффективного решения задач ресурсо- и энергосбережения в строительстве при возведении зданий и сооружений [1,96].

Ячеистый бетон имеет достаточную морозостойкость, что обусловлено наличием резервной пористости, куда и вытесняется расширяющаяся вода при замерзании.

Аэро- и паропроницаемость ячеистых бетонов обуславливает быстрое удаление построечной влаги из конструкций, поддержание нормального режима в помещениях при эксплуатации.

Традиционными недостатками ячеистых бетонов остаются низкая сопротивляемость растягивающим напряжениям и повышенная хрупкость, в результате чего изделия приобретают нежелательные сколы и трещины при изготовлении, транспортировании и монтаже. Неавтоклавные ячеистые бетоны характеризуются к тому же высокими деформациями усадки, что приводит к интенсивному трещинообразованию и даже разрушению изделий [1,97;2,32].

Структура ячеистых бетонов представлена плотными межпоровыми перегородками многофазного состава и поровым пространством, характеризующимся количеством и качеством (форма, размеры пор, их распределение) макро- и микропор, их соотношением. Значения основных показателей качества ячеистых бетонов по прочности и плотности материала взаимно связаны. Таким образом, увеличение прочности неавтоклавного газобетона направлено в основном на упрочнение каркаса (межпоровых перегородок).

В настоящее время в производстве строительных конструкции, в частности железобетонных и бетонных, используется новый вид армирования - дисперсное, частично или полностью заменяющее стальное.

Армирование волокнами значительно уменьшает или полностью исключает появление и развитие усадочных трещин в процессе твердения и последующей эксплуатации материала.

Упрочнение прочностных свойств неавтоклавного газобетона производили путём введения дисперсных добавок, при этом решались следующие задачи:

—рассмотрение возможности использования нанодисперсной добавки на основе УНТ для получения неавтоклавного ячеистого бетона;

—подбор оптимального состава неавтоклавного газобетона, модифицированного нанодисперсными добавками;

—изучения влияния нанодисперсных добавок на прочностные свойства неавтоклавного газобетона.

Предполагается, что при вводе в состав неавтоклавного газобетона углеродсодержащих наносистем, возникает эффект армирования вяжущей минеральной матрицы, который введет к увеличению прочностных характеристик.

В качестве нанодисперсной добавки применялись многослойные углеродные нанотрубки Graphistrength^{TM} фирмы Arkema, которые состоят из 10- 15 слоев нанотрубок с внешним диаметром от 10 до 15 нм, длиной от 1 до 15 мкм и средней плотностью 50-150 кг/м^3.

Диспергация применяемой добавки проводилась посредством ультрозвуковой обработки раствора с введением в качестве модификатора тонкого кремнеземистого компонента.

В ходе проведения исследования влияния добавки на основе УНТ на прочность неавтоклавного газобетона был произведен полный трехфакторный эксперимент со следующими варьируемыми факторами: величина В/Ц, содержание добавки, содержание алюминиевой пудры.

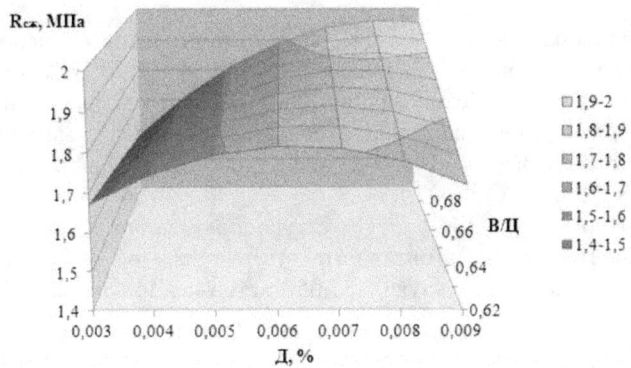

Рисунок 1 – Зависимость прочности газобетона от В/Т и содержания добавки на основе УНТ.

Максимальная прочность соответствует содержанию добавки 0,0085% при водотвердом отношении 0,67, что составляет 11% прироста прочности относительно прочности контрольных образцов.

Ожидаемый прирост прочности не оправдался (в литературных данных применение добавки УНТ ведет к увеличению прочности в разы). Низкая результативность применения может быть связана со следующими причинами:

1. Цемент, производимый по действующему стандарту, не имеет постоянного минералогического и вещественного состава, а так же постоянного значения активности в пределах одного класса и типа. Разброс этих характеристик в исследованиях влияния добавок на свойства бетонов может существенно повлиять на результаты.

2. Выбор количества вводимой добавки основывалось на результатах исследований других авторов, а так как полностью повторить технологию и рецептуру невозможно, то влияние УНТ на прочностные характеристики в зависимости от применяемой методики может быть различна.

3. Исследуемая добавка имеет короткий срок стабильности дисперсной системы. Применяемая добавка могла иметь разрушенную дисперсную систему, образуя отдельную фазу, не распределяющуюся равномерно в цементной матрице.

Кроме того, полный перечень компонентов состава применяемой добавки не известен. Поэтому эффективность применяемой добавки зависит не только от УНТ, но и от возможного содержания компонентов, повышающие прочностные характеристики.

Литература

1. Митина Н.А., Лотов В.А. Перспективы использования дисперсного армирования теплоизоляционных ячеистых бетонов. Сборник докладов VI Всероссийской научно-практической конференции «Техника и технология производства теплоизоляционных материалов из минерального сырья» 31 мая-2 июня 2006 г., г. Бийск – М: ФГУП «ЦНИИХМ, 2006. – С. 91-97.

2. Моргун В.Н. Структурообразование и свойства фибропенобетонов неавтоклавного твердения с компенсированной усадкой/ дис… кан. техн. наук 05.23.05-Ростов-на-Дону, 2004.-176 с.

Литвинов А.В.
аспирант кафедры промышленной электроники (ПрЭ) Томского государственного университета систем управления и радиоэлектроники (ТУСУР), г. Томск.
E-mail: exet-@mail.ru
Кобзев А.В.
докт. техн. наук, профессор, зав. кафедрой ПрЭ ТУСУР, г. Томск.
Семенов В.Д.
канд. техн. наук, профессор, зам. зав. кафедрой ПрЭ по научной работе ТУСУР, г. Томск
Пахмурин Д.О.
канд. техн. наук, доцент, зав. лабораторией ТУСУР, г. Томск
Учаев В.Н.
аспирант кафедры ПрЭ ТУСУР
Хуторной А.Ю.
аспирант кафедры ПрЭ ТУСУР

МИКРОПРОЦЕССОРНАЯ СИСТЕМА УПРАВЛЕНИЯ УСТРОЙСТВА СТАБИЛИЗАЦИИ ТЕМПЕРАТУРЫ ДЛЯ РЕАЛИЗАЦИИ МЕТОДА ЛОКАЛЬНОЙ ГИПЕРТЕРМИИ

АННОТАЦИЯ

В статье описывается новое решение для устройства стабилизации температуры, входящего в состав аппаратно-программного комплекса для реализации локальной гипертермии в лечении онкологических заболеваний. Микропроцессорная система управления позволяет расширить функциональные возможности устройства стабилизации температуры и предусмотреть защиту от аварийных режимов работы.

Ключевые слова: стабилизация температуры, микропроцессорная система, температурный коэффициент сопротивления (ТКС), мост Уитстона.

Устройство стабилизации температуры для реализации локальной гипертермии [1] подтвердило свою работоспособность и положительно зарекомендовало себя при проведении предварительных экспериментальных исследований [2]. На его основе было разработано устройство [3], которое поддерживает требуемую температуру нагревательных элементов и обеспечивают точность в 0,1 °С. Структурная схема такого устройства приведена на рисунке 1.

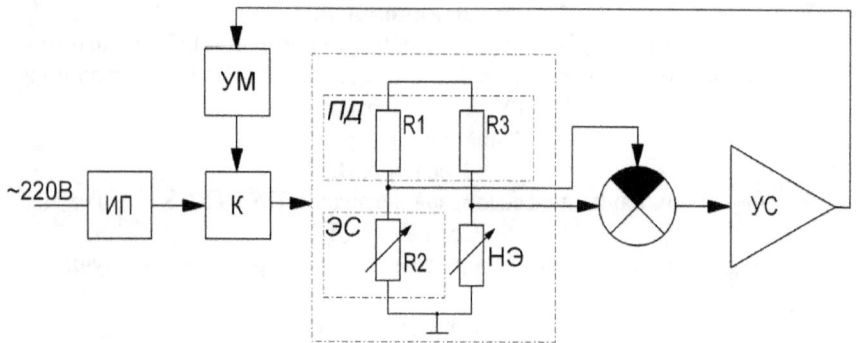

ИП - источник питания, УМ - усилитель мощности, К - ключ на транзисторах, ПД - пропорциональный делитель, ЭС - эквивалентное сопротивление на переменном резисторе, НЭ - нагревательный элемент с линейным ТКС, УС - усилитель сигнала ошибки.

Рисунок 1. Структурная схема устройства стабилизации температуры на аналоговых элементах.

Достоинством такого решения являлась высокая точность стабилизации температуры (~ 0,02 °C по результатам экспериментов), которая достигается за счет высокого коэффициента усиления сигнала ошибки (УС) и устойчивость работы при изменении питающего напряжения, поскольку мост Уитстона является сбалансированным и система стремится обеспечить разность потенциалов на плечах моста равной нулю. К недостаткам можно отнести трудность перестройки устройства на другую температуру. Для этого вручную изменяется значение сопротивления переменного резистора R2 (ЭС) в противоположном плече моста, что занимает время и человеческие ресурсы. Наличие переменного резистора приводит к нестабильности сопротивления R3, поскольку со временем оно может изменять свое значение в большую или меньшую сторону, а при окислении контактов может увеличить его на порядок. Периодически требуется подстройка устройства на заданную температуру стабилизации, она производится перед началом эксперимента и отнимает большое количество времени.

Устройство на аналоговых элементах не позволяет обеспечить дополнительные режимы работы, такие как автоматическая калибровка, защита от аварий и передача данных на персональный компьютер. Поэтому разработка микропроцессорной системы управления для устройства стабилизации температуры, способного устранить недостатки аналогового и выполнять ряд дополнительных функций, является актуальной задачей.

Структурная схема нового устройства приведена на рисунке 2.

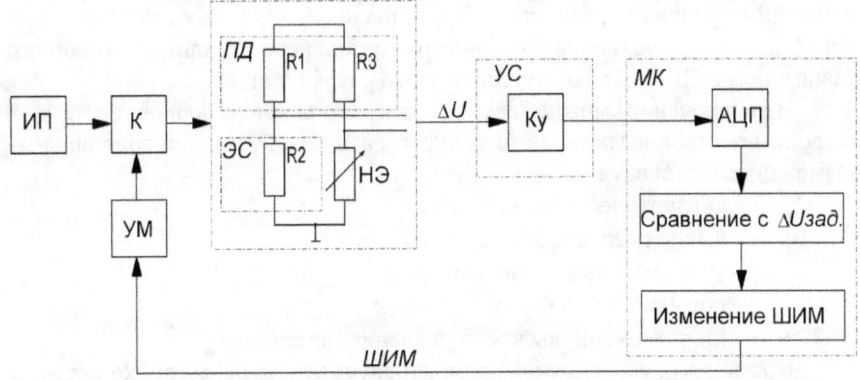

ИП - источник питания, К - ключ на транзисторах, УМ - усилитель мощности, ПД - пропорциональный делитель, ЭС - эквивалентное сопротивление на постоянном резисторе, НЭ - нагревательный элемент с линейным ТКС, УС - усилитель сигнала обратной связи, МК - микроконтроллер системы управления.

Рисунок 2. Структурная схема устройства стабилизации температуры с микропроцессорной системой управления.

Одним из принципиальных отличий микропроцессорной системы от предыдущей, которая была выполнена на аналоговых элементах, является отсутствие баланса моста при заданной температуре стабилизации. В приборе на аналоговых элементах система стремится обеспечить разность потенциалов на плечах моста равную нулю, а в микропроцессорной системе измеряется разность потенциалов. При калибровке нагревательные элементы помещают в водный термостат, в котором поддерживается требуемая температура стабилизации, нагревательные элементы, выполненные из медной проволоки меняют своё сопротивление в соответствии с ТКС, а система управления переходит в режим измерения (калибровки). АЦП микропроцессора оцифровывает значение разности потенциалов на плечах моста Уитстона, усиленную с коэффициентом (Ку) и микропроцессор сохраняет её как «эталонную». Далее при работе в режиме стабилизации температуры система регулирует мощность, подаваемую на измерительный мост, изменяя относительную длительность ШИМ сигнала управления силовым транзистором (К) так, чтобы значение сигнала, приходящего на вход АЦП, стремилось к «эталонному».

Положительным свойством этой системы можно считать высокую скорость перестройки под новое значение температуры стабилизации на нагревательном элементе, и отсутствие переменного резистора, который снижает надежность. Однако нужно отметить, что в этой системе снижается точность стабилизации температуры, потому что коэффициент усиления инструментального усилителя (Ку) ограничен рабочим диапазоном АЦП. Требуемая точность в 0,1 °С достигается за счет нахождения компромисса между рабочим диапазоном возможных значений уровня разности потенциалов ΔU моста Уитстона, коэффициентом усиления Ку инструментального усилителя, рабочим диапазоном АЦП-микроконтроллера и его разрядностью.

В заключении можно сказать, что микропроцессорная система в устройстве стабилизации температуры расширяет его функциональные возможности, реализуя

- автоматическую калибровку;
- выбор режима работы;
- защиту от аварийных ситуаций;
- повышенную защиту от помех;
- широтно-импульсное управление нагревом.

Кроме того, сокращается время, требуемое для перестройки системы на новую температуру, повышается надежность и уровень безопасности работы устройства в целом.

Список используемых источников:

1. Патент 78659 РФ, МПК А61В 18/04. Установка и устройство для лечения опухолевых заболеваний / А.В. Кобзев, Д.О. Пахмурин, В,Д. Семенов, А.А. Свиридов. № 2008128639/22; заявл. 14.07.2008; опубл. 10.12.2008. Бюл. № 34. 4 с.

2. Управление электронными игольчатыми нагревателями при реализации метода локальной гипертермии и его экспериментальная проверка / Кобзев А.В., Семенов В.Д., Пахмурин Д.О., Хуторной А.Ю., Литвинов А.В., Учаев В.Н / Доклады ТУСУР, периодический научный журнал, Томск, декабрь 2010 г. –Томск: В-Спектр, 2010. 2(22), часть 2 – С.300-301.

3. Патент 98116 РФ, МПК А61В 18/12. Установка локального нагрева биологической ткани / А.В. Кобзев, В,Д. Семенов, Д,О. Пахмурин, А.А. Сви ридов, В.А. Федотов, А.В. Литвинов, А.Ю. Хуторной, В.Н. Учаев.№ 2010118885/14; заявл. 11.05.2010; опубл. 10.10.2010. Бюл. № 28. 4 с.

Смольков Г.Я.
профессор, доктор наук, ИСЗФ СО РАН, Иркутск
smolkov@iszf.irk.ru

ФУНДАМЕНТАЛЬНЫЙ И ПРИКЛАДНОЙ ХАРАКТЕР СОЛНЕЧНО-ЗЕМНОЙ ФИЗИКИ

Одним из актуальных направлений фундаментальных и прикладных исследований, безусловно, остаётся солнечно-земная физика. Её основная научная проблема состоит в мониторинге и изучении глобальных и региональных закономерностей изменений природной среды обитания и деятельности человечества на поверхности Земли, в атмосфере, в гидросфере и в околоземном космическом пространстве (ОКП) [1:Т1, 16; Т3, 9], обуславливаемых воздействиями внешних и антропогенных факторов. Актуальным является установление особенностей механизмов воздействия внешних и наземных факторов с целью разработки научно обоснованных прогнозов с различной заблаговременностью глобальных и региональных изменений условий использования многих современных технологий, систем и техники, а также климатических и экологических вариаций во всех геосферах для заинтересованных отраслей экономики любой страны (связь, транспорт, погода и климат, освоение ОКП, использование спутниковых технологий и т.д.). Особенно при нарастании катастрофических и экстремальных явлений. Диагностика воздействующих факторов выполняется по данным непрерывного мониторинга их проявлений кооперативно во всех заинтересованных странах. Совершенствование диагностики опасных событий и прогнозов их последствий выполняется путём создания новых и модернизации используемых методов и техники наблюдений с постоянным повышением информативности их данных, а также эффективной их интерпретацией процессов и явлений в естественных условиях.

Внешними факторами являются процессы и события солнечной активности (СА), потоки галактических космических лучей [2, 6] и гравитационное воздействие на Землю [3,291; 4, 211]. К первым относятся солнечная иррадиация, геоэффективное электромагнитное излучение Солнца, выбросы корональной массы, солнечный ветер, обуславливающие возмущения магнитосферы и атмосферы Земли, определяющие погоду, отчасти климат, формирование и поведение ионосферы. Геоэффективные процессы и явления, происходящие в солнечной атмосфере, ОКП и в межпланетной среде в наземных лабораториях невоспроизводимы. Гравитационное воздействие на Землю со стороны Луны, Солнца и др. планет Солнечной системы, совершающей барицентрическое движение под влиянием гравитации Галактики, обуславливает эндогенную активность Земли, включая циклические изменения глобального и регионального климата, сейсмическую, тектоническую и вулканическую активность [1, Т3, 46]. Мнения относительно глобального вклада антропогенного воздействия (преобразование поверхности Земли, использование грязных технологий, выбросы CO_2) до сих пор противоречивы из-за отсутствия системного подхода к анализу всех обстоятельств и их мультидисциплинарного изучения [3,291; 4, 211].

Интервалы пространственных и временных масштабов вариаций геофизических и геодинамических последствий внешних воздействий занимают от региона до всей поверхности Земли и ОКП и от часов до тысячелетий, соответственно. Поэтому и такие изучаемые природные процессы и события в лабораторных условиях с учётом их энергетики также не воспроизводимы. Для их изучения и интерпретации при неизбежных упрощениях и приближениях разрабатываются специальные модели с использованием сложных математических средств. Существенное продвижение в изучении солнечно-земных связей в эпоху глобализации мировой экономики произошло с появлением и широким использованием компьютерной техники и развитого программного обеспечения, развития научного приборостроения при создании современных обсерваторий и станций.

Многообразие проявлений солнечно-земных связей - предмет изучения большого числа научных учреждений (по дисциплинам: физика Солнца, физика Земли, физика атмосферы, физика мирового океана, геохимия, география, сейсмология, тектоника, климатология, гидрометеорология, биология и здравоохранение и др.) различных потенциально заинтересованных отраслей (к сожалению, ещё нередко статистика и корреляции без адекватного объяснения механизмов связей, что нередко приводит к «поверхностному описанию поверхности Земли»). Солнечно-земная физика по своей сути – интернациональная наука комплексного характера, располагающая к объединению учёных различных стран и дисциплин. Её актуальность возрастала по мере развития индустриализации, освоения всей суши и мирового океана, наконец, с выходом в ОКП и его освоением.

Исследования по разделам солнечно-земной физики выполняются по международным программам под координирующим руководством ряда международных научных организаций (Международный астрономический союз, Международный геофизический союз, Специальный международный комитет по солнечно-земной физике и др.). В России координацию осуществляет Научный совет РАН по солнечно-земной физике через свои дисциплинарные секции (от секции «Солнце» до секции «Гелиобиология»). Результаты мониторинга – данные наблюдений СА и её геофизических последствий хранятся в Мировых центрах данных МЦДа – в США и МЦДб – в России. Кроме того данные хранятся на сайтах участвующих обсерваторий с правом анонимного их использования заинтересованными исследователями. Это служит взаимодополнению и взаимосвязи индивидуальных и коллективных исследований. Расположение обсерваторий и станций в различных часовых поясах обеспечивает кооперативное выполнение круглосуточного мониторинга исходных причин солнечного и гравитационного происхождения, а также геофизических и гидродинамических откликов на Земле. Публикация научных и прикладных результатов осуществляется в ряде международных журналов с рецензированием рукописей статей авторитетными специалистами по их содержанию, а также в Трудах и Материалах международных проблемных конференций и симпозиумов по солнечно-земной физике.

К сожалению, гравитационный фактор ещё не пережил стадию популяризации, не осознан в должной мере и не учитывается многими исследователями. Вклад СА, с которой прежде всего соотносят геофизические вариации, например, климата, сильно зависит от временного масштаба с учётом дифференциального характера связей на разных временных масштабах. Так, до 25 лет – вклад СА менее 2% и определяет погодные вариации, на шкале десятков лет - область роста вклада СА- региональные вариации, в интервале порядка 100 лет – вклад СА до 30-40% - глобальные вариации, на 1000-летней шкале средний вклад СА в дисперсию температурных изменений составляет порядка 20% [5, 20]. На большей временной шкале сказываются уже космофизические факторы, «модулирующие» связь СА и геомагнитного поля [6, 22]. Невозможность объяснить воздействием только СА неизбежно приводит к названию явлений непонятного происхождения «Природной аномалией». Учёт гравитационного воздействия на Землю подобные «аномалии» объясняет в рамках геодинамической модели Земли [1, Т3, 46]. Например, глобальное потепление ряда последних десятилетий логически вытекает при учёте «векового» смещения центра масс Земли (в нашу эпоху к Северу с полюсом в регионе п/о Таймыр), обусловленного гравитационным воздействием (Рис. 1).

Физико-математические науки

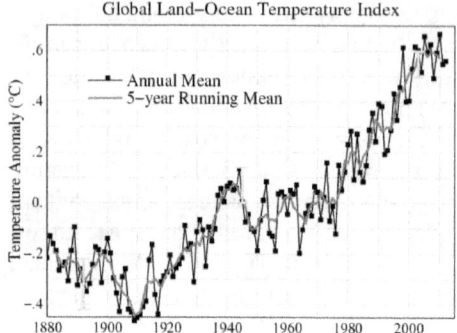

Рис. 1. Тренд климатического индекса -усреднённой температуры «суша-океан» с 1880 г. по 2006 относительно интервала 1951-1980 гг. Чёрная кривая – усреднение за год, красная – за 5 лет. Зелёными знаками показаны оценки неопределённости в разные эпохи трендов усреднённых температур [7, 14290].

Потепление обусловлено трансформацией части механической энергии при взаимодействии деформируемых гравитацией оболочек Земли (прежде всего мантии при смещении ядра) в тепловую [1, Т3, 46].

До 1940-х годов глобальное потепление происходило в южном полушарии. Другой показательный пример, свидетельствующий о воздействии только СА, – сбои функционирования спутниковых навигационных систем GPS и ГЛОНАСС на время генерации мощных потоков радиоизлучения каскадом вспышек рентгеновского класса из активной области NOAA 10930, взошедшей на восточном лимбе Солнца в начале декабря 2006 г. Причиной поражения систем послужили сбои фаз рабочих частот бортовых передатчиков и перегрузка наземных станций [8, 1993; 9, 132].

Работа выполнена при поддержке Министерства Образования и Науки РФ по ГК (Государственным Контрактам) 14.518.11.7047, Государственному соглашению № 8407.

Литература

1. Современные глобальные изменения природной среды. Т. 1.- 696 с. и Т.2. – 772 с. – М.: Научный мир, 2006. Факторы глобальных изменений. 2012. Т. 3– 444 с.; и Т.4.- 540 с.
2. Scherer K., Fichtner H., Heber B., Mall U. (Eds.), Space Weather. Springer, Berlin Heidelberg, 2005, 289 p.
3. Смольков Г.Я., Баркин Ю.В. Роль и вклад гравитационного воздействия на Землю в солнечно-земные связи // Материалы заочной

научно-практической конференции "21 век: Фундаментальная наука и технологии" (15-16.08.2013 г., Москва), сс. 289-292.

4. Смольков Г.Я., Баркин Ю.В., Базаржапов А.Д., Петрухин В.Ф., Щепкина В.Л. Солнечно-земные связи, обусловленные гравитационным воздействием // Материалы заочной научно-практической конференции "21 век: Академическая наука – проблемы и достижения» (5-6.09.2013 г., Москва), сс. 209-212.

5. Наговицин Ю. А. Солнечная активность и солнечно-земные связи на различных временных шкалах // Тезисы докладов Вс. конф. «Солнечная активность и природа глобальных и региональных климатических изменений» (2012, Иркутск), с.20.

6. Дергачёв В.А., Распопов О.М. Долговременные изменения солнечной активности, геомагнитного поля и палеоклиматических данных, там же, с. 22.

7. Hansen, J., Mki. Sato, R. Ruedy, K. Lo, D.W. Lea, and M. Medina-Elizade, 2006: Global temperature change. Proc. Natl. Acad. Sci., 103, 14288-14293.

8. Afraimovich, E.L., Demyanov V.V., Ishin A.B., Smolkov G.Ya. Powerful solar radio bursts as the global and free tool for testing satellite broadband radio systems, including GPS-GLONASS-GALILEO, J. Atm. Solar-Terr. Phys., 70, 1985–1994, 2008.

9. Afraimovich, E.L., Demyanov V.V., Gavrilyuk N.S., Ishin A.B., and Smolkov G.Ya. Malfunction of Satellite Navigation Systems GPS and GLONASS Caused by Powerful Radio Emission of the Sun During Flares on December 6 and 13, 2006, and October 28, 2003, Cosmic Research, 47 (2), 126-137, 2009.

Бец М.В.
старший преподаватель кафедры иностранных языков Кемеровский государственный университет культуры и искусств
vollens@mail.ru

ИНТЕРНЕТ-КОММЕНТАРИЙ КАК РАЗНОВИДНОСТЬ ПЕРСОНОТЕКСТА

Данная статья посвящена описанию методики исследования Интернет-комментариев к статьям разных тематических направленностей, опубликованных на информационно-дискуссионном портале Newsland, с целью выяснения ценностных установок языковой личности, существующей в рамках названного языкового пространства. Феномен языковой личности изучается в рамках молодой науки, входящей в антропоцентрическую парадигму, - лингвоперсонологии.Ю.Н. Караулов при описании структуры языковой личности говорит о наличии трех уровней: 1) вербально-семантического, 2) тезаурусного, 3) мотивационного [3, 56].

Изучая элементы всех трех уровней языковой личности, можно составить обобщенные представления о ней, говоря о появлении системы инварианта, существующего в рамках определенной коммуникативной среды, имеющей свои особенности и условия реализации общения. В качестве такой среды может выступать виртуальное пространство сети Интернет, развитие которой привело к появлению новых форм коммуникации, реализующихся в различных типах текстов. К ним можно отнести короткие текстовые сообщения в социальных сетях, блоги, e-mail, комментарии и др. Каждый из этих типов текстов является персонотекстом (Н.Д. Голев). Под персонотекстом понимается «результат речевой деятельности, позволяющий смоделировать процесс речепорождения, а из него – сконструировать разные способы, определяющиеся типом языковой личности. Подобно тому, как язык репрезентирует себя через речь, человек выявляет себя через язык» [5, 138-139].

При этом необходимо заметить, что комментарий, являясь персонотекстом, в данном случае рассматривается как естественная письменная речь (Н.Б. Лебедева), а значит, отражает обыденное сознание виртуальной языковой личности, что позволяет создать ее типизированный портрет на основании аксиологическихустановок, реализующихся в процессе текстопорождения. Текст комментария является реакцией языковой личности на ту информацию, которая содержится в исходном тексте статьи, понимаемой как подготовленная письменная речь, содержащей определенный набор ценностно значимых концептов, актуализация которых в дальнейшем может происходить в обсуждениях. Ср.: Название статьи: *Анонимность в Интернете – зло или необходимость?* Комментарий: ***Условная анонимность позволяет*** *обсуждать многие вопросы, которые без этого никто бы не стал обсуждать, ведь психов, которые стремятся привлечь к себе внимание во что бы то ни стало и стать звЯздой как полоумная Волочкова например не так уж и много.* **Если на NL Исчезнет анонимность, тут же немедленно исчезнет вся коллекция Зуевых.**

Помимо этого комментарий может отражать субъективные установки языковой личности, существующие в ее обыденном сознании и не связанные с основным содержанием исходного текста. Ср.: Название статьи:*Бесплатное жилье в СССР – миф?* Комментарий: *А кто Вас привлёк и Ваших друзей к такому НИКУ-chigari-72 русского шрифта не хватает.*

Изучение ценностных установок виртуальной языковой личности и создание портрета коллективной языковой личности возможно путем выявления на начальном этапе в тексте исходной статьи ключевых слов по принципу частотности их употребления в тексте. «Ключевое слово текста активизирует связанные с ним структуры ассоциативных значений, которые извлекаются в рабочую память индивида из его долговременной памяти и затем используются в процессе формирования интегративных комплексов, функционирующих как цельные минимальные единицы знаний» [2, 125]. После определяются ключевые слова в текстах комментариев, которые, группируясь друг с другом, образуют полевую структуру определенного концепта, состоящего из ядра, ближней, дальней, крайней периферий. Таким образом, исходный текст статьи содержит в себе определенное концептуальное поле или их группу, которые в дальнейшем реализуются в текстах комментариев, за счет увеличения количества ключевых слов, а также появления новых, существующих на разных уровнях периферий. Кроме того, в текстах комментариев могут появляться ключевые слова, существующие за рамками тех концептуальных полей, которые формируются в исходном тексте, что позволяет говорить о детерминирующем соотношении исходного текста и вторичного к нему текста комментария. Это позволяет определить роль языковой личности в виртуальном пространстве в процессе текстопорождения.

Однако, нужно отметить, что зачастую текст комментария является интертекстуальным, что приводит к формальному опущению того или иного ключевого слова, что говорит о необходимости рассмотрения материала в целом, а не фрагментарно (Ср.: *Поддерживаю!!!!!!!!!!!!!!!!!С удовольствием поставлю плюс. Где-то похожая мысль уже встречалась.*(Такие комментарии отражают, как правило, субъективные взгляды языковой личности относительно других высказываний). Кроме того, будучи помещенным в определенный контекст, ключевое слово находится в тесной взаимосвязи с другими языковыми средствами, что обусловливает его изучение как части текста*(Ср.: ("Смех без причины -*

признак дурачины" - **РУССКАЯ ПОСЛОВИЦА** *(графическое выделение информации, на которую следует обратить внимание). Равно как и не было менеджеров по* **саппортудабл-ю-си** *вместе склиннинг-менеджерами и прочими остальными мерчендайзерами. :))))))*(транслитерация англицизма, использование смайладля выражения эмоций)+++ (математический знак для оценки высказывания). Другими словами, в результате учитывается не только то, на что обращает внимание комментатор, но и как он это реализует при создании текста. Существование определенных концептуальных полей обусловлено и тем виртуальным пространством, в рамках которого осуществляется процесс коммуникации, в данном случае наблюдается ориентированность языковой личности на обсуждение тем политической направленности

Подводя итоги исследования можно сделать вывод, что рассмотрение языковой личности с точки зрения аксиологического подхода возможно путем вычленения в текстах, созданных ею, значимых концептов, имеющих полевую структуру, образующих ценностную обыденную картину мира, элементами которой являются установки, взгляды, наивные представления о мире, обусловливающие речевое поведение языковой личности в определенных коммуникативных условиях. В результате появляется особый вид текста – персонотекст, отличительной чертой которого является неразрывная связь между текстом и личностью автора, языковой личностью, ценностные установки которой реализуются в процессе текстопорождения.

Литература:
1. Голев, Н. Д. Лингвистические и лингводидактические проблемы языкового образования в техническом вузе (опыт построения концепции) [Текст] / Н. Д. Голев // Прикладная филология в сфере инженерного образования: коллективная монография. – Т. 1. – Методология и методика языкового обучения в техническом вузе. Нортхэмптон; Томск, 2004. – С. 15 - 37.
2. Залевская, А. А. Введение в психолингвистику [Текст] / А. А. Залевская. – М.: Российск. гос. гуманит. ун-т, 2000. – С.125
3. Караулов, Ю. Н. Русская языковая личность и задачи ее изучения [Текст] / Ю. Н. Караулов // Язык и личность. – М.: Наука, 1989. – С. 56
4. Лебедева, Н. Б. Некоторые аспекты исследования естественной письменной русской речи [Текст] / Н. Б. Лебедева // Естественная письменная русская речь: исследовательский и образовательный аспекты. – Часть I: Проблемы письменной речи и развития языкового чувства. – Барнаул: Изд-во АГУ, 2002а. – С. 267 - 276.
5. Мельник, Н.В. Деривационное функционирование русского текста: лингвоцентрический и персоноцентрический аспекты [Текст] / Н.В.Мельник: Дисс… докт. филол. наук. – Кемерово, 2011. – С. 138-139

Gubanova L.G.
Candidate of Philology, North-Caucasus Federal University
gl1307@rambler.ru

LANGUAGE REPRESENTATION OF THE CONCEPT: CORPUS

There are a lot of works in our country and abroad that are devoted to the problem of the concept. However, attempts to interpret the problem at a qualitatively new level are still being taken.

At the modern stage of the linguistic development we can single out several new schools in concept understanding.

N. D. Arutyunova, A. D. Shmelev, and T. V. Buligina refer the concept to the sphere of practical philosophy. The means of its content formation is the semantics of the linguistic sign. In their opinion during the formation of the concept there is a connection of the given concept with the adopted social values, such as national traditions, folklore, religion, ideology, experience, art images, sensations, and value system. Thus not every fact can be the basis for concept formation, only that estimated by the man. Concepts form "some kind of cultural layer that is a moderator between the man and the world" [1, 4]. On the whole this approach can be named logic, more close to the European tradition, where the "notion" and the "concept" are the same. The title of the series of collective studies edited by N. D. Arutyunova "Logical analysis of the language" is the illustration of the definition.

In the culturological-linguistic paradigm the concept is the principal cell of the culture in the mental world of the man. Representatives of the given school (Y. S. Stepanov, V. N. Telia and others) studying the concept give much attention to the culturological aspect. They try to consider and comprehend the methods and features of how the culturally valued phenomena are fixed in the language. E. M. Vereshchagin and V. G. Kostomarov (1980) studying the linguistic units compare them with the units of other language, choosing for the investigation only those facts which reveal the ethno-cultural features (the name of the clothes, buildings, food, ceremonies), lacunes are the meaningful lacks of the definite denominations and the background knowledge, i.e. the supporting characteristics of the concrete and abstract names which need some additional information about the culture of the given nation in order to be understood adequately.

D. S. Likhachov considers the concept as an intermediate between the word and the reality, it appears not from the meaning of the word but it is a result of collision of the word meaning with the social experience. D. S. Likhachov continued the S. A. Ascoldov's discourses and suggested to consider the concept as "algebraic" expression of the meaning with the help of which the native speakers operate in speech and writing, "because the man don't have time to cover the meaning with all its difficulty, sometimes he can't but sometimes he interprets it in his own way (it depends on his education, experience, profession)" [4, 4].

The mental nature of the concept is outlined by A. Wierzbicka who defines the concept as an object from the "Ideal" world, which has its own name, reflects the definite culturally conditional ideas of the man about the world "Reality", thus the reality in the author's opinion is given in the person's thinking through the language, not directly [3, 25].

The main function of the concept is the functional substitution of the majority of the similar substances which are important for the man in the process of reflection. "Concept is the concentration of the centuries-old experience, culture and ideology of every nation. They are synthesized and filtered in the thesaurus of the linguistic personality" [6, 68].

The concept can be verbalized and non verbalized. "The reasons of verbalization or the lack of verbalization of the concept are purely communicative (communicative relevance of the concept). The presence or lack of verbalization of the concept doesn't influence the reality of its existence in the consciousness as a unit of thinking" [5, 130]. For the verbalized concept it is significant that there are many entrances or linguistic and speech units which actualize the given concept in the consciousness of its bearer. These units can refer to the different language levels. To appeal to the same concept we use lexemes, set expressions, word combinations, sentences, and texts [6, 71]. Modern linguists often prefer to consider words and set phrases as means of concept verbalization. Their analysis let to define cognitive characteristics promoting the concept modeling.

Relying on the previous points we think it is reasonable to study the representation of the concept "Quality" from two aspects: the representation of the concept in the language (vocabulary) and in the speech (corpus).

The corpus approach or method of the linguistic investigation based on the corpus is oriented on the applied studying of the language, its functioning in the real texts, that is important for the language teaching. For example, lexicographical analysis based on the corpuses helps to open the context usage of words, especially the use of synonyms (such as *small/little*, *big/large*), the frequency of usage, combinative power, and regularity in styles and to define clearly their semantics.

Electronic corpuses give us rich linguistic material for studying and investigation. Corpus linguistics so as the other branches of linguistics using computer technologies as technological tools has a direct impact on the traditional methods of collection and storing the linguistic material such as manual processing of the written texts, lexical card files and other forms. Everybody knows the drawbacks of traditional methods. They are much time, volume limitation, update complexity, inconvenience of statistical processing, impossibility of remote access. The use of computer technologies for collection and storing of linguistic material let to bring into play all the advantages of the new method. In this case the process of obtaining language material increases, the use of the Internet as a means of remote access eliminates the distance, the volume of information increases many times, computer programs of data storage and processing allow you to have the quick access to the information you need and process it quickly. However, a technological breakthrough in this field rises new challenges, which include the difficulty of finding relevant information in large amounts of information, as well as the possibility of distorting the real picture of the language functioning [2, 130].

The above problem can raise the authenticity of the study as one of the most important in the context of corpus linguistics. In general we can say about the theoretical, empirical and intuitive ways of checking the authenticity. In this case, corpus linguistics is seen as a branch of linguistics that provides empirical support for the validity of research, and the principle of experience sufficiency is seen as a methodological basis of corpus linguistics.

Corpus linguistics as a separate branch of linguistics comes into contact with related linguistic disciplines, such as computational (mathematical) linguistics, discourse analysis, lexicography. The specificity of the interaction of corpus linguistics to other linguistic disciplines is that the corpus of texts, on the one hand, is the result of the scientist's work within this direction, and on the other hand is the original empirical material for other linguistic disciplines. It is the fact is the basis for establishing close ties of the corpus linguistics with phonetics, lexicology, grammar, stylistics.

Literature

1. Arutyunova N.D. Introduction // The logical analysis of language. Mental action / N.D. Arutyunova . - Moscow: Nauka, 1993 . - p. 3-7.

2. Baranov A.N. Corpus linguistics // A.N. Baranov Introduction to Applied Linguistics: Tutorial / A.N. Baranov. - Moscow: Editorial URSS, 2003. - p. 112-137.

3. Wierzbicka A. Language. Culture. Cognition [Text] / A. Wierzbicka . - Moscow: Russian dictionaries, 1996. - 411 p.

4. Likhachov D.S. Conceptual sphere of the Russian language // Russian Philology / D.S. Likhachev. - M., 1997.

5. Sternin I.A., Popova Z.D. General Linguistics / I.A. Sternin, Z.D. Popova, Publisher: AST, East- West, 2007 - 315 p.

6. Slyshkin G.G. The gender conceptual sphere of contemporary Russian joke // Gender as a cabal of knowledge (gender studies in linguistics and communication theory) / G.G. Slyshkin. - Moscow: Moscow State Linguistic University, 2002 – 66-73 p.

Шапошник Н.А.
ст.преподаватель кафедры романской и классической филологии
Таврического национального университета им.В.И.Вернадского,
г.Симферополь, АРК, Украина.
ninashaposhnik@mail.ru

ОППОЗИЦИЯ «СВОЕ-ЧУЖОЕ» В РОМАНЕ М.ДЮРАС «ПЛОТИНА ПРОТИВ ТИХОГО ОКЕАНА»

Проблема «своего-чужого» одна из магистральных в творчестве М.Дюрас. В целом ряде ее произведений эти концепты являются сюжетообразующими. Так Гниненко Т.А. в своем диссертационном исследовании указывает на специфическую интерпретацию «своего-чужого» в текстах писательницы. У М.Дюрас этот концепт имеет два аспекта и выстраивается на противоречиях между личностью и социумом, на расовых конфликтах, как например, в «Плотине против Тихого океана», в «Любовнике» или классовых между рабочими и буржуазией в «Модерато кантабиле». [1, 93]

Концепт «свое-чужое» является один из центральных в культуре. Он носит универсальный характер, так как присущ художественному творчеству, научному и бытовому мышлению.

«Свой» – означает собственный, личный, отдельный, значимый, имеющий «существо». «Чужой» – принадлежит иному народу, не имеет личности, собственного лица, отдельности. «Чужое» значит лишенное существа. Также в оппозиции «свое-чужое» формируется представление народа о его национальной идентичности. [4, 14; 3, 50]

В «Плотине против Тихого океана» оппозиция «свое-чужое» строится вокруг семьи главной героини Сюзанны, ее старшего брата Жозефа и их матери. Это семья бедных белых колонистов, которые приехали в Индокитай в поисках счастья и удачи, но стали жертвами мошенников из кадастрового ведомства. Мать Сюзанны вложила все свои средства в покупку концессии, которая оказалась непригодной для выращивания риса, так как каждый год во время разлива Тихого океана эти наделы были затоплены водой. Ее многочисленные попытки побороть стихию каждый раз заканчивались крахом и очередными долгами перед банком: «Каждый год прилив, останавливавшийся иногда чуть дальше, иногда чуть ближе, губил часть урожая и, совершив свое злое дело, отступал». [2, 105]

В романе основная оппозиция «свое-чужое» – это оппозиция богатые-бедные. На фоне нищеты, серости и вечного голода сельской местности ослепительной белизной сверкают богатые кварталы города. Узкой равнине, соломенным хижинам, детям, которые постоянно умирают от голода и болезней и, которых хоронят в грязи равнины противопоставляется «... город ... для белых...», застроенный «...добротными домами и виллами...», который «...каждый год устремлял к небу все более и более высокие здания». [2, 151] Богатые кварталы города сверкали «удивительной чистотой» и сами белые люди были безукоризненно чисты. М.Дюрас использует иронию, сравнивая эту часть колониального города с Меккой, а его обитателей со священнослужителями.

Оппозиция богатые-бедные усиливается эпизодом отношений Сюзанны с молодым богатым китайцем, который всеми средствами пытается добиться расположения главной героини, но все же признается, что его папаша-миллионер никогда не позволит ему жениться на бедной девушке, несмотря на то, что она белая. Таким образом, выявляется авторская позиция о неразрешимости социального конфликта.

Интересно выстраиваются отношения между семьей Сюзанны и местными крестьянами. Несмотря на бедность и долги в доме главной героини есть прислуга: все они вьетнамцы и работают за еду и сарайчик из соломы, в качестве жилья. Однако в романе неоднократно подчеркивается доброе и даже дружеское расположение хозяев по отношению к слугам и к сельским жителям. В этой связи примечательны забота матери о детях бедняков, сочувствие к семье старого малайского капрала, страдающего глухотой. Но все же они не едят с белыми за одним столом и вообще знают свое место, поскольку нищета местного населения не идет ни в какое сравнение с нищетой французских колонистов: «У матери все же ели каждый день и спали под крышей». [2, 218] Контрастом вышесказанному является циничное отношение сотрудников кадастра и банковских служащих к бедной белой женщине, которая из последних сил, уже потеряв надежду, пытается выбраться из нищеты. В этом контексте прослеживается пересечение и классовой, и расовой оппозиций: белые как свои расово, но чужие классово; местные чужие расово, но свои классово.

Анализируя внутреннюю форму слов «свое» и «чужое» на примере немецкого языка В.Г.Зусман доказывает диалогическую природу этого концепта: отрицание «своего» вплоть до превращения в «чужое». [3, 51]

В «Плотине против Тихого океана» диалогическая природа оппозиции «свое-чужое» представлена не только на социальном и расовом уровнях, но и внутри одного класса. Жозеф и Сюзанна, в отличие от своей матери, не принимают нищету и серость унылого и безвыходного существования и любыми путями стараются вырваться. Жозеф часто ездит в город и берет с собой Сюзанну, там они посещают кинотеатр в богатом квартале. Это помогает молодым людям отвлечься на какое-то время и погрузиться в ту жизнь, о которой они мечтают, но которая чужда для них: «Для Сюзанны, как и для Жозефа, ходить каждый вечер в кино было, наряду с ездой в автомобиле, самым настоящим счастьем. Впрочем счастьем, по сути, оказывалась для них любая возможность умчаться вдаль – душой ли, телом ли, по земным ли дорогам или по миру кинематографических грез,…, но главное, мчаться, в надежде поскорее оставить позади затянувшееся мятежное отрочество». [2, 109] Таким образом мы наблюдаем полное отрицание «своего» как мучительного и опостылевшего и абсолютное принятие «чужого», которое отождествляется у брата и сестры с исполнением мечты.

На одном из киносеансов Жозеф знакомится с богатой женщиной, уходит с ней и больше в концессию не возвращается. В случае с Жозефом «свое» (семья, концессия) удаляется, а «чужое» (богатая дама и богатая жизнь) приближается и становится «своим».

Что касается Сюзанны, то все свободное время она проводит на мосту, который соединяет равнину с дорогой в город. Она ждет нечто прекрасное «чужое», что избавит ее от невыносимого «своего». В финале романа, после смерти матери и Жозеф, и Сюзанна покидают равнину и она становится для них «чужой». Концепты «своего» и «чужого» теряют здесь смысловую однозначность. «Свое» превращается в «чужое», «чужое», напротив осмысляется как «свое». Из всего вышесказанного следует, что текст романа выстраивается на конфликтах и противоречиях как социально-этнических, так и межличностных, следовательно, оппозиция «свое-чужое» формирует сюжетную линию произведения.

Тема «своего» и «чужого» получает широкое развитие в творчестве Маргерит Дюрас, но разрешается она каждый раз по-своему.

Литература:

1. Гниненко Т.А. Роман «Любовник» в контексте творчества Маргерит Дюрас: Дис. …канд.филол.наук / Татьяна Александровна Гниненко. – Тамбов, 2003. – 159с.
2. Дюрас М. Плотина против Тихого океана / Маргерит Дюрас. – М.: Астрель: АТС, 2011. – 317, [3]с.
3. Зусман В.Г. Диалог и концепт в литературе: Литература и музыка: [монография] / Валерий Григорьевич Зусман. – Нижний Новгород: Деком, 2001. – 167с.
4. Зусман В. Концепт в системе гуманитарного знания // Вопросы литературы, 2003.
5. Duras M. Moderato cantabile / Marguerite Duras. – P., 1958. – 117p.
6. Duras M. L'Amant / Marguerite Duras. – P., 2006. – 142p.

Samarina V.S.
candidate of philological science, North-Caucasus Federal University

GENDER STUDIES IN LINGUISTICS

The leading role in contemporary gender studies is assigned to the science of language and its new field - the linguistic Genderology (sometimes called gender linguistics).

According to A. Kirilina, gender research in linguistics is based on several methodological principles, which are divided into two groups. The first group comprises the principles of gender approach, which are common to linguistics, psychology, sociology and other humanities. This group reflects the modern view of the ontological and categorical status of gender and includes the following points:

1. Gender is a product of culture and society development, it is institutionalized and ritualized and, therefore, is relative; is recognized conventional entity.

2. Like any socio-cultural construct, gender is dynamic and changeable over time.

3. Gender is in the humanities general scientific categories and the principles of gender approach are applicable to any disciplines, but should be implemented taking into account the specific character and by means of the methods of this research area.

The second group includes proper linguistic principles of gender analysis:

1. Gender is manifested in the language and is a parameter of variable intensity in the communicative interaction.

2. Cultural and symbolic gender character causes the appearance of gender metaphors that operates in the same way as other types of metaphors.

3. The study of gender appropriate language entities precedes there analysis as units of language.

4. Linguistic methods are applied to study the gender aspects of language and communication. Since linguistics includes different spheres (psycholinguistics, sociolinguistics, cultural linguistics, etc.) methods of these spheres are used. [1, 56].

The study of gender aspects of language should not be a straight line. Linguists have to define and describe the conceptualization of the term "gender (sex)" and the means of its linguistic reflections on the different levels of language. Equally important is the task of establishing a place of gender concept in the value picture of the world, as well as to identify in language the reflection of stereotypes associated with gender. In the study of gender features of different language the cross-cultural comparison is inevitable. Gender aspects of language are closely related to both axiology, and ethno-cultural characteristics.

There is a universally recognized point of view that research on the differences between men and women's speech began only in the 1970s. While a number of books and articles on the subject of sex and its place in the language appeared long before.

One of the first studies of language in terms of gender is a work of R. Lakoff "Language and woman's place", in which the term "women's language" is used for the first time [4]

In the early stages of studying the problem the scientific works in this area are just comments on the speech etiquette of girls and young women.

By the end of the 19th century in English linguistic literature the question about the use of generalizing pronoun *he* - a problem, which remains relevant was raised for the first time. For example: «the student should leave his coat at the back of the hall».

Later work was conducted in the following areas: a hypothesis about a fundamental difference between the male and female types of speech, the question of validity of new word forms, such as *doctress, authoress*, etc., the development of problems of impersonal pronouns: the use of *you* instead of *one* (typical for aristocratic speech); work on connotative differences word forms *lady* and *woman*.

Researches of 1970s distinguish by the depopulyarization of conclusions contained therein, indicating that "recognition" of the problem of linguistic science. One of the aspects of gender linguistics was the theory of the opposition of "female cooperativeness" to "male competitiveness" in the linguistic (verbal) behavior. Dale Spender argues that at its core English language was initially predisposed to establish the superiority of men in society. [5, 56]

Sociolinguistic studies introduced a significant contribution to researching the problem of sex-role features of language. In these studies, during the detection of the real sociostratification in language, some features have been installed using the language associated with the sex of the communicants. The study of sociodialects also possible to establish the differences in the language of men and women, especially in pronunciation and grammar. The basis of the interpretation of the differences, as a rule, was a representation of a field as a sociolinguistic variable. The result is a creation of an intriguing gender-differentiated model in which women consistently exhibit a strong desire to use the prestigious language standard than men. This was interpreted exclusively as a sign of a submissive woman's perception of the world and has been designated as "sexism".

In the first half of the 80th a large number of textbooks on sociolinguistics, psycholinguistics, linguistics, human facial expressions and gestures, etc., which, in one way or another, affect issues of gender linguistics. The most relevant was the study of sexism in language (for example, the question of the use of *Ms*), society and sexism (situational options of men and women informal speech), gender interaction and communicative competence (lack of understanding between the sexes), the specifics of writing.

Modern researches in the gender sphere focused mainly on solving the problems of categorization (nomination), political correctness, politeness in the language. Also, there is a review of some provisions in relation to the differences in the approaches to the speech of communicants with a different sexual orientation.

Gender studies of language within the bounds of post-modern installations, cause to direct efforts not to clarify the gender differences, but to find how the construction of gender role identity is. Such a study of gender features in a multicultural and multilingual context shows how gender concepts are included in the local traditions of the communicative behavior of individuals. They also show the importance of considering gender in the context of other important parameters, such as class, ethnicity, and social class communicators.

The main characteristic of the national linguistic Genderology today is its rapid development. In the mid '90s, few linguists were familiar with gender issues, but now this sphere is extremely popular.

It should be noted that currently in the linguistic literature there is no consistent usage of the term *gender* that came into linguistics rather peculiar way: the English term *gender*, meaning the grammatical category of gender, was removed from the linguistic context and transferred to the field of research of other sciences - social philosophy, sociology, stories, as well as in political discourse. [3, 24].

In linguistics the term *gender* came a little later from social sciences, when gender studies received the status of an interdisciplinary direction. In addition, the concept of gender operates in the English literature and linguistics in its old sense.

Literature

1 Кирилина А.В. Гендер: лингвистические аспекты. – М.: институт социологии РАН, 1999. – 189с.
2 Кронгауз М.А. Sexus, или Проблема пола в русском языке // Русистика. Славистика. Индоевропеистика. М., 1996. С.510-525.
3 Словарь гендерных терминов / Под ред. А.А. Денисовой / Региональная обществ. орг. Восток-Запад: Женские инновационные проекты. – М.: Информация – XXI век, 2002. – 413с.
4 Lakoff Robin. Language and women's place // Language in society. 1973. № 2. P. 45-79.
5 Spender D. Man Made Language. – New York, 1986. – 200 p.

Философские науки

Alexander Rossinsky
professor, (Department of Art,) Altai State University, Russia
Ekaterina Vorontsova
assistant professor
(Department of History,) Altai State University, Russia

RUSSIAN SPIRITUALITY OF THE AMERICAN PERIOD IN THE CREATIVITY OF GEORGY FEDOTOV AND CONTEMPORARY PROBLEMS IN RUSSIA

Georgy Fedotov is one of the most prominent thinkers of Russian diaspora abroad, whose works half a century later returned to his homeland to become a subject of study concerned.

The artistic heritage of Georgy Fedotov today gives, in our opinion, the ability to find answers to the challenges of post-Soviet Russia which is now at the crossroads, looking for ways to revive its national identity, an optimal strategy for national development, the restoration of the true significance of Russia in world civilization process, the revival of national consciousness and lost spiritual traditions.

The study of the philosophical and publicistic heritage of G. Fedotov, his proposed approach to solve the key problems of Russian historical and cultural being might be able, to some extent, to help the generation of intellectuals to come up with the world organising idea which would generate Russia's breakthrough to its authentic cultural and historical place in the XXI century

Being a brilliant representative of Russian intelligentsia, G. Fedotov emphasized philosophy of culture, spirituality where he tried to overcome the extremes of anthropocentric and God-centered interpretation of culture. He tried to show that the eschatological tradition of Christianity asserting the impossibility of earthly excellence and full realization of the ideal is not incompatible with the recognition of the inherent value of the cultural and social creativity. Rejecting the various forms of historical determinism - rationalistic-idealistic, materialistic and religious, he contrasted them with the personalistic type of philosophical reflection, based on the Christian spiritual tradition and affirming the intrinsic value of personal existence.

In his best works Fedotov painted a broad picture of Russian spiritual formation, including the philosophical ideas, acting against the integration of national-specific and religious components, the mixing of the "Byzantine" and "orthodox" basis of spiritual life in Russia. He repeatedly emphasized the persistence of religious and moral foundations of people's life and saw salvation in the church, which has not lost its inherent potencies of holiness.

In one of his articles Fedotov wrote: "There is a power in Russia - a huge force - from which it would seem possible, to expect the 'initiative in the organization of culture. This force is the Orthodox Church "[1, Volume 1 p.

271]. At the same time, he further points out that in order to solve this problem, the church has "few material resources" [there is the same,]. Reflecting on this issue today, it can be noted that, as in the XIV century the Orthodox Church once again faces the eternal dispute between the "non-possessors" and "Josephites". Fedotov writes: "The Church, being politically loyal to the government, should save the independence of its moral judgment" [1, p .281].

The question is if our church was able to find its place in the construction of a new spiritual structure of Russia. Apparently, there are still a lot of unresolved reefs and obstacles. We can now recall the silence of Patriarch Alexy II when Russian Parliament was attacked in 1993. It is topical today since some details of the price of his silence became known. However, the Orthodox Church in Russia is still the spiritual foundation binding our state.

Referring again to G. Fedotov who wrote that "in Russia there is only one center for spiritual gathering of people, Russia has its heart, and while it keeps beating, we cannot talk about the death of the nation. The church, shrunken, squeezed in a close dungeon, keeps huge, unprecedented spiritual forces. They are waiting for their actualisation. Time will come when this actualisation will appear to the church not through their personal asceticism, but through national ministry. That is how the perception of Russia will start "[1, Volume 1 p. 101].

It should be noted that the Church today has long been "out of the dungeon," and even under Stalin during World War II it returned to its spiritual significance which gave a huge boost of patriotism resulted in the victory of the people. Today, the church receives a great attention from the government which is a disturbing factor. Referring to the famous book of Altai philosophers A. Ivanov, I. Fotievay, M. Shishin "Spiritual and Ecological Civilization: Foundations and Prospects", where more than ten years ago they said that "... the church itself today is a social institution not only bowing to the authorities, but also turning from spiritually prosecuted into spiritually prosecuting, seeking to replace an intimate faith of the heart, as an organ of communication with the higher reality, to the level of the Church understood and imposed as "normal faith" [3, p.192].

What has changed since then? Yes, a lot of churches, monasteries, chapels have been built and restored. However, remembering G. Fedotov, the question arises if Christian Russia is becoming the Russia of truth and freedom which deserves crowning with the Orthodox crown. Has Russia implemented folk theocracy? Has it made public service nation-wide as an expression of spiritual collegiality? Today these great and probably utopian dreams of philosophers proclaiming "Russian idea" cannot be answered in the affirmative .

The latest developments in Russian Orthodox Church are simply alarming. On the one hand, we can notice a detailed plan of dirty actions, on the other hand, the accumulation in the depths of the church hierarchy of numerous and intolerable for a Russian religious man things. Certainly, if state is literally being destroyed by unprecedented corruption, all state institutions, including the church, are not exceptions. The proof is a large number of appeals in favor of the girls who desecrated the first church of Russia. Hopefully, Russian Orthodox Church will be able to go out with dignity from this complex historical dead end, carry out the necessary reforms, and say its say in the spiritual lawlessness that reigns in the great Orthodox country. Here, the administrating, the influence of public institutions will not solve the problem. How true was the philosopher A. Ivanov saying , " There is no dragging into the realm of spirituality. At best, it ends with the primacy of letters over the spirit, of the cult over the mystery of faith, religious dogmatism ... "[4, p. 133].

In this connection I would like to focus on one truly prophetic admonition of G. Fedotov, which concerns the eternal rival in the person of Baptist church and as he wrote "rationalist sectarianism, which has grown strongly in Russia" [5, p. 224]. Today its scope could be quite shocking for the Russian historian and philosopher. Sectarianism is supported by «evangelistic commitment" coupled with "social radicalism" that in the period of growing social conflicts in the country attracts a large number of believers, including young people as such radicalism is close to their life perception.

In general, it should be noted that modern Russian society is fond of neo-paganism and the process is quite undulating. Passion for it was particularly illustrative for the culture of XIX-XX centuries, where it often went hand in hand with Christian mysticism.

As Georgy Fedotov as a person and as a thinker developed in this environment, it is not surprising, according to the cultural expert E. Gmyzina, that "this duality manifests itself in his reflections on spirituality." Later, she recognizes the correctness of G. Fedotov, who "understands and forms polysynthetism of the national idea, which has absorbed both pagan origins and the cultural achievements of the Soviet period" [6, p. 3].

One more prophetic statement of G. Fedotov literally permeates the whole spiritual life of modern Russia. It refers to the predictions about the fate of post-revolutionary Russia. He wrote that "The French Revolution was no less grand, planetary, and eschatological. However, when the sea got down, de-Christianized ground gave birth to a flourished, prudent and economical moneymaker. ... and the petty bourgeoisie is not the last stage of human failure. The human without God cannot remain a human. Godless people become beasts in a combat, or pets in a simplified civilization "[2, p. 42].

Thinking about Russian spirituality, G. Fedotov puts a great emphasis on the fate of culture. It should be noted that he did not go further from his immigrant understanding of Russian new culture especially in his assessment of the Soviet theater and art. Yet even people who grew up in environment of Soviet musical masterpieces still wonder how the greatest works of Prokofiev, Shostakovich, Khachaturian and others could be created in the era of a frightening lack of freedom.

Being cut off from his homeland, G. Fedotov could not fully appreciate the spiritual upheaval of the Bolsheviks as the spiritual education of the people was organically integrated in the party's ideology. G. Fedotov was mistaken saying that "the government wants to build a new culture of Russia, to build it in a new way. In fact, it does not know how ... "[2. 105].

As early as in the 40s the cultural policy of the USSR was clearly defined, and by its disintegration the state had come up with the highest achievements in culture, which unfortunately did not transform into the culture of work and production. So, the whole spiritual superstructure could not alter the essence of Russian people and put these great spiritual achievements in the products of labor to challenge the commodities of the West. As soon as the "iron curtain» hiding our economic helplessness weakened, the historical clock began to beat the last minutes of Russian Socialism (interesting and profound reflections on this subject are contained in the earlier cited book by A. Ivanov, "On Eternal Foundations in Recent Times").

Human society will not be able to build a spiritual and ecological civilization, as the only alternative to his historical existence, without the best that can be taken out of socialism. The victory at the elections in some major Western countries of parties with the similar orientation confirms the historical truth of the world socialist system and the inability to address to issues of spirituality and its survival as a civilization under capitalist economic model.

And one more thing, which apparently is the most important issue worth concentrating on while studying the work of G. Fedotov. We will talk about ways to save Russia and the forces that will prevent it from failure and will be able to contribute to its revival. In his articles G. Fedotov analyzes and seeks these powers and comes to the trinity: the church - the culture - the state which is quite close to the model presented by S. Uvarov: Orthodoxy - autocracy - nationality. Analyzing classes existing in Russia or their remains, the philosopher cannot entrust them with the salvation and future of Russia, for various reasons, and his quest for the elite and its unity through the development of a national idea does not lead to certain results.

However, half a century after the death of the great Russian sufferer of Russia, the country is drifting in a contradictory world without a national idea, national shrines, without national heroes.

Assessing what is happening in the spiritual realm of Russia as a profound crisis of statehood, national and cultural identity, we can quote the famous philosopher A. Panarin, who thinking about the future of post-liberal Russia formulated two dilemmas our government has to face, "it is either a return to the extremely brutal authoritarian and autocratic state, or the total collapse of Russia and the establishment of an American protectorate under some international euphonious name" [7]. Following G. Fedotov, who put a lot of emphasis on spirituality, we also believe that the government should take responsibility for the spiritual chaos sweeping from the screens of television, radio, the "yellow" press, and similar publications. When you see a full house of happy faces at various shameful TV show, you cannot help asking where the recent numerous editions of books by V. Shukshin, V. Astafeva, J. Bondarev are and if we really had S. Prokofiev, D. Shostakovich, G. Sviridov and others. Partly it happens because of the immensity of Russian people, when all past spills without reserve and new gods occupy the vacant spiritual space. Remember the formula or sequence of merciless destruction of historical memory, power of the spirit of the people, given once by an art critic K. Pisarev, "Amnesia - apathy - atrophy ..." [8, p.159].

Once in post-revolutionary Russia, as it was already noted, G. Fedotov tried hard to find a force that, based on the great spiritual history of the people, in the new social and historical conditions, will be able to carry the banner of national spirituality in the new century and saw that this force is "outside culture, and its sources run from the underground depths and noise of these waters in Russia drowns discordant sound of hammers in the hands of the builders of the Tower of Babel "[5, p. 210].

After more than two decades after the collapse of the Soviet Union it should be said that the Bolsheviks managed to build a new spirituality and a new culture that in new conditions still relied on the remnants of the great culture of the "golden age." At this point after F. Dostoyevsky it is possible to ask if new achievements were worth the sacrifice of millions of the best Russian people who died for the new community of the Soviets. Living in the USA in the 20-30s of the XXth century, Fedotov was able to write and publish his three hundred articles about the structure of new Russia. For example, along with hundreds of thousands of old Russian intellectuals, the outstanding scientist A. Losev, who went blind in Stalin's camp because of the book "Dialectics of Myth" wrote: "The Lord liveth, and as thy soul is mine ..." [9, p.267]. This holy faith helped him overcome all the trials fallen to his share and become an outstanding scholar and post-Bolshevist Russia.

Thinking about it one come to the conclusion that the terrible sin that might have been the basis for building Soviet culture has played a fatal role in its present decay.

Thinking about the future of Russia is the XXI century; we would want to find the morally healthy forces that could lead our crumbling spirituality to purification, catharsis, without which the process of spiritual barbarism cannot be stopped. Here the thoughts of Altai philosophers A. Ivanov and others mentioned in the book: "Saving Russia and the World in Hagiocracy, Shrines in Power" sound incredibly optimistic [4, p. 185]. Indeed, written with a great publicistic force and philosophical depth, this book is assonant with the thoughts of the great philosophers of the "Russian idea" who left us a priceless heritage, which we unfortunately did not use.

Nevertheless, we still have all these forces; they are produced by spiritual civilization for its salvation. Not long ago with the group of musicians we gave concerts funded by the Governor in more than 30 provinces of the region. The culture which was based on socialist economy and communist ideology was ruined. However, we were struck by the system which had not even been eroded – children's music and art schools. They are some oases of culture, employing real heroes of Russia, who for a small salary, sometimes in difficult conditions are nursing the seeds of future culture. While this works, our spirituality is alive!

We would like to end the article citing G. Fedotov, when he answered the question posed in the title of his article "if Russia will exist I cannot answer in a simple soothing "Yes, it will" I answer, It will depend on us" [1, 152].

Reference List

1. Федотов Г.П. Церковь/Г.П. Федотов Судьба и грехи России. СПб., 1991-1992. Т.1-2.
2. Федотов Г.П. Проблемы будущей России. Третья статья: организация культуры. Т.2. 271 с.
3. Иванов А.В., Фотиева И.В., Шишин М.Ю. Духовно-экологическая цивилизация: устои и перспективы// А.В. Иванов, И.В. Фотиева, М.Ю. Шишин// АлтГУ, 2001. 239 с.
4. Иванов А.В. О вечных устоях в последние времена. Философско-публицистические этюды.//А.В. Иванов. Барнаул, 2010. 181 с.
5. Федотов Г.П. Новая Россия//Г.П. Федотов Судьба и грехи России// Русская культура// М.: Даръ, 2005. 492 с.
6. Касков А.А. Загадочная русская душа: пласт за пластом. О взглядах философа Георгия Федотова и типологии русского человека беседуют Людмила Зорина и Эльмира Гмызина// Газета Культурная среда. Киров – 2009 – 1 июля.
7. Гуревич П.С. Философия человека. URL: http://www.I-V.ru
8. Писарев К. Патина и паутина// Дружба народов, 1990. № 11.
9. Тахо-годи. Не бывает тяжесть не по силам// Дружба народов, 1989

Симкин Ю.Я.
доцент, к.т.н., ФГБОУ ВПО «Сибирский государственный технологический университет», e-mail: simkinyurii51@mail.ru
Епифанцева Н.С.
доцент, к.т.н., ФГБОУ ВПО «Сибирский государственный технологический университет», e-mail: garant2005@bk.ru

ВЛИЯНИЕ СОДЕРЖАНИЯ ПОЛИСАХАРИДОВ И ЛИГНИНА УСОХШЕЙ ДРЕВЕСИНЫ НА СВОЙСТВА АКТИВНЫХ УГЛЕЙ

Из литературных данных хорошо известно [1,2,3], что в процессе окислительной активации водяным паром с повышением степени обгаров углей развивается пористая структура и возрастают адсорбционные способности получаемых активных углей. Из этих же источников следует, что на параметры пористой структуры получаемых сорбентов в значительной степени влияют технологические характеристики исходного сырья. Вместе с тем, отсутствуют данные о влиянии отдельных компонентов химического состава древесины на свойства получаемых сорбентов.

Основными компонентами, составляющими древесину, являются целлюлоза и лигнин. Твёрдые продукты пирогенетического разложения этих же компонентов составляют основу древесных углей. Состав трудногидролизуемых полисахаридов в древесине в основном представлен целлюлозой. Влияние трудногидролизуемых полисахаридов и лигнина можно проследить на примере древесины усыхающего дерева, в котором с течением времени изменяется содержание химического состава древесины. В качестве примера служила древесина лиственницы сибирской, подвергнувшаяся воздействию сибирского шелкопряда, таблица 1.

Таблица 1 - Влияние длительности усыхания лиственницы на содержание трудногидролизуемых полисахаридов и лигнина

Длительность усыхания, лет	Содержание трудногидролизуемых полисахаридов, %	Содержание лигнина в модификации Комарова, %
0	40,3±0,53	28,8±0,35
2	39,1±0,17	27,4±0,08
3	40,9±0,2	27,1±0,22
7	33,7±0,18	28,2±0,07
12	34,7±0,19	27,1±0,11

При изучении сорбционных свойств древесноугольных сорбентов набор модельных сорбатов: метиленовый голубой, йод, мелассу -

рассматривают как «молекулярные щупы» с размерами молекул от 0,2 нм для йода до 1,5 нм для метиленового голубого, до десятков ангстрем для мелассы. Необходимо также отметить, что суммарная пористость по воде, в основном отражает величины объёмов макропор.

Таблица 2 - Влияние длительности усыхания лиственницы на обгар и свойства активных углей

Длительность усыхания, лет	Обгар, %	Суммарная пористость по воде, см^3/г	Активность по йоду, %	Активность по метиленовому голубому, мг/г
0	42,2	3,43	76,5	225
2	42,3	3,12	75,2	230
3	44,2	3,18	75,0	222
7	46,5	3,50	73,2	238
12	47,0	3,55	73,2	240

Приведённые в таблицах 1 и 2 результаты показывают, что 12-летний срок гибели дерева не сказывается на содержании лигнина. Первые три года после гибели лиственницы, содержание трудногидролизуемых полисахаридов в древесине и адсорбционные свойства углей практически не изменяются. По истечении трёх лет после гибели дерева в древесине начинает снижаться содержание трудногидролизуемых полисахаридов, при этом возрастают обгары углей при активировании, у получаемых активных углей суммарная пористость по воде, сорбционная активность по метиленовому голубому и, соответственно, снижается сорбционная активность по йоду.

Из представленных результатов можно сделать вывод, что снижение содержания трудногидролизуемых полисахаридов, в состав которых входит целлюлоза, способствует росту обгаров углей в процессе их активирования водяным паром и развитию в активных углях пор больших размеров за счёт снижения содержания пор с меньшими эффективными радиусами. Активные угли, обладающие такой пористой структурой, рационально использовать для адсорбции органических веществ с большими размерами молекул, к которым относятся, например, пестициды, содержащиеся в почвах.

Литература:
1. Кельцев Н.В. Основы адсорбционной техники. - М.: Химия, 1984.-592 с.
2. Кинле Х., Бадер Э. Активные угли и их промышленное применение - Л.: Химия, 1984.-21 с.
3. Бутырин Г.М. Высокопористые углеродные материалы. - М.: Химия, 1976. - 192 с.

Седельников В.М.
аспирант Сибирского Института Бизнеса и Информационных Технологий (Омский филиал)
sedelnikov_vlad@mail.ru
Реброва Н.П.
доктор экономических наук, профессор, зав. кафедрой "Экономика и финансы" Финансового Университета при Правительстве РФ (Омский филиал)
n.rebrowa2013@yandex.ru

ПОЗИЦИОНИРОВАНИЕ КАК СТРАТЕГИЧЕСКИЙ ИНСТРУМЕНТ ТЕРРИТОРИАЛЬНОГО МАРКЕТИНГА

В настоящее время на современном этапе развития рыночных отношений в России наблюдается сильная конкуренция. Лишь те регионы, которые смогут обеспечить потребителям представление таких услуг, которые отвечают их ожиданиям и требованиям – смогут устоять в условиях острой конкуренции за ограниченные ресурсы. Именно поэтому очень важно разрабатывать и придерживаться стратегии позиционирования, причем как самого региона, так и производимых на его территории товаров и услуг.

Существует множество определений данного понятия, но для нас представляет особый интерес точка зрения двух выдающихся ученых – Джека Траута, основателя позиционирования и Филипа Котлера, основателя маркетинга. Позиционирование - это действия, направленные на формирование восприятия потребителя данного товара относительно товаров-конкурентов по тем преимуществам и выгодам, которые они могут получить.

Основная цель позиционирования заключается в создании и сохранении за компанией или ее товарами особого места на рынке. При выборе определенной позиции, которую предприятие может и желает занять, многое будет зависеть от ресурсов фирмы, степени однородности продукции и рынка, этапа жизненного цикла товара и маркетинговых стратегий конкурентов. Это касается традиционного маркетинга. Если рассматривать мезоуровень, т.е. уровень регионов, то территории вынуждены конкурировать и на мировом, и на внутреннем рынках, борясь за инвесторов, специалистов и туристов в обстановке, которую легче всего было бы назвать войной.

Это можно проследить на примере европейского континента, когда на западно-европейский рынок вышла Восточная Европа. В исследовании, проведенном компанией Haley and Baker, занимающейся консалтингом и сфере операций с недвижимостью, более 500 руководителей европейских компаний были опрошены о наиболее вероятных территориях, куда придут их фирмы в случае расширения бизнеса. Руководители назвали Варшаву, Прагу, Москву и Будапешт [3].

В такой турбулентной среде перед территориями стоит задача представить на рынок нечто по-настоящему превосходное или уникальное. Стремление территории обеспечить уникальное положение и позитивный имидж на громадном европейском рынке является критически важным элементом стратегического маркетинга.

Каждое место должно выработать комплекс предложений и преимуществ, который может соответствовать ожиданиям большого числа инвесторов, новых бизнесов и посетителей. Маркетинг территории в своей основе состоит из четырех компонентов:

1. Разработка для территории крепкого и привлекательного позиционирования и имиджа.
2. Создание стимулов для существующих и потенциальных покупателей и пользователей товаров и услуг.
3. Поставка продуктов и услуг данной территории в эффективной и доступной форме.
4. Пропаганда привлекательных и полезных качеств данной территории с целью полноценного информирования пользователей о ее отличительных преимуществах.

Слишком часто регионы попадают в ловушку, уделяя внимание лишь одной или двум из этих маркетинговых задач, сосредотачиваясь на пропаганде. Они тратят деньги на дорогую рекламу или расплывчатые призывы без предварительной диагностики и планирования.

Вместе с тем, алгоритм грамотного позиционирования региона сам по себе может решить любые существующие на данной территории проблемы, будь то невыгодное географическое положение, отсутствие ресурсов или недостаток инвестиционных средств. Именно поэтому целесообразно считать процесс позиционирования стратегическим инструментом маркетинга территорий. Рассмотрим данный алгоритм более подробно.

Позиционирование как предприятий, так и регионов включает три основные фазы:
- Определение текущей позиции.
- Выбор желаемой позиции.
- Разработка стратегии для достижения желаемой позиции

На первом этапе целесообразно понять, какую позицию занимает территория среди своих конкурентов, партнеров и пользователей. В качестве подходов для исследования занимаемой позиции можно выделить:
➢ Определение конкурентов;
➢ Определение характеристик территориального продукта;

➢ Идентификация потребностей инвесторов, туристов, специалистов и других целевых групп территории.

Когда позиции различных конкурентов и местоположение идеального для целевых групп варианта были определены правильно, территория может установить, какое позиционирование желательно. Принимается два ключевых решения:

• Выбор целевых сегментов рынка на данной территории (и, следовательно, круга вероятных регионов - конкурентов);

• Определение конкурентных преимуществ или отличий от этих регионов - конкурентов.

После определения текущей позиции и направленности ее развития рассматриваются несколько основных стратегических альтернатив:

➢ Укрепление существующих позиций. Там, где существующая позиция наиболее приемлема (т. е. наиболее близка к желаниям целевых сегментов рынка и отлична от конкурентных предложений), стратегия может заключаться в укреплении этой позиции.

➢ Постепенное перепозиционирование.

➢ Радикальное перепозиционирование.

Последние 2 альтернативы отличаются лишь степенью внесения изменений в территориальный продукт региона или степень его продвижения.

Использование маркетинговых инструментов территориями позволяет решать проблемы, существующие перед ними в определенные периоды времени, добиваясь тем самым достижения намеченных целей развития. В частности, позиционирование позволяет сформировать уникальные свойства территории, повысить её востребованность, а значит и стоимость, эффективно включить население в развитие местной экономики.

Список использованной литературы

1. Котлер Ф., Ли Н. Маркетинг для государственных и общественных организаций / Пер. с англ. под ред. Т. Середовой. - Изд-во: Питер, 2008. - 384 с.
2. Панкрухин А.П. Маркетинг территорий. 2-е изд., дополн. - СПб.: Питер, 2006. - 416 с.
3. Филип Котлер, Кристер Асплунд, Ирвинг Рейн, Дональд Хайдер Маркетинг мест. Привлечение инвестиций, предприятий, жителей и туристов в города, коммуны, регионы и страны Европы - Изд-во: Стокгольмская школа экономики в Санкт-Петербурге, 2005. - 384 с.

Хлыстун Е.Н.
студентка кафедры «Экономика труда и управление персоналом»
Новосибирского государственного университета экономики и управления
Нехаев А.И.
Кандидат экономических наук,
доцент кафедры «Экономика труда и управление персоналом»
Новосибирского государственного университета экономики и управления

САМООРГАНИЗАЦИИ ТРУДА КАК МЕТОД УПРАВЛЕНИЯ ПЕРСОНАЛОМ МАЛОГО ПРЕДПРИЯТИЯ

Малый бизнес – это органическая составляющая национального воспроизводственного процесса, начиная от инноваций в сфере производства материальных благ и заканчивая сервисными услугами [1,166].

В основе управления персоналом предприятия малого бизнеса лежит формирование команды единомышленников с едиными целями и ценностями без четкого (формального) разделения функций и регламентации инициативы. Поэтому на предприятиях малого бизнеса при управлении персоналом необходимо большое внимание уделять его самоорганизации, саморазвитию и самообучению, которые в соответствии с целями компании должны быть направлены на процессы организации трудовой деятельности и управления трудовым потенциалом работников малых предприятий.

Самоорганизация – это способность персонала планировать свое рабочее и свободное время, правильно расставлять приоритеты при решении производственных задач и самостоятельно управлять своим потенциалом, основываясь на поставленные перед собой цели.

Руководители малых предприятий считают, что при эффективной самоорганизации труда затраты на выполнение работ уменьшаются, производительность труда при рациональной загруженности персонала увеличивается, сотрудники развиваются профессионально и значительно меньше допускают ошибок в работе, мотивация у них растет и цели организации достигаются в оптимальные сроки.

Но как на самоорганизацию труда смотрят работники малых предприятий? Считают ли они возможным самостоятельную организацию труда, и что необходимо, чтобы она была эффективной?

Для получения ответов на данные вопросы среди персонала ряда малых предприятий (транспортного, оптово-розничной торговли, а также предприятия, работающего на рынке аренды помещений) был проведен опрос 60 человек, по результатам которого выявлено следующее:

- 67 % опрошенных под полной самоорганизацией труда понимают организацию всего административного процесса, управление предприятием в целом. Считают, что процессы самоорганизации трудовой деятельности на предприятии может использовать только административный (управленческий) персонал;

- 56 % считают, что самоорганизация персонала может быть только частичной, то есть самостоятельно каждому работнику организовать свою рабочую деятельность невозможно. Необходимо знать, что от них требуется и в какие сроки. Они же самостоятельно могут выбрать только методы и средства, требующиеся для эффективного решения поставленной задачи;

- 73 % опрошенных уверены, что для эффективной самоорганизации своей деятельности руководство компании должно предоставить персоналу как технические средства труда, так и мотивирующие факторы: комфортные условия труда, рабочее место, оснащенное всем необходимым для выполнения возложенных на них функций, возможность творческого подхода к решению поставленных задач, и не менее важным – установление адекватного вознаграждения за результаты их трудовой деятельности.

Но предоставления персоналу технических средств и мотивирующих факторов для эффективной самоорганизации недостаточно. Работникам необходимо уметь рационально распределять рабочее время, планировать время перерывов в своей трудовой деятельности.

Поскольку многие решения о том или ином использовании времени принимаются неосознанно и инстинктивно, время зачастую тратится без какой-либо оценки реальной полезности таких затрат. Персонал должен относиться ко времени как к ценному ресурсу. Время предоставляет возможности, и управление временем обеспечит расширение этих возможностей [2,287].

Одним из методов определения фактических затрат рабочего времени сотрудников, выявления и устранения потерь времени, а также разработки нормативов затрат рабочего времени и принятия решений по совершенствованию самоорганизации персонала и производительности его труда является проведение фотографии рабочего времени. Фотография рабочего времени – это вид изучения рабочего времени методами наблюдения и измерения всех без исключения видов его затрат на протяжении рабочего дня или отдельной его части [3].

В качестве примера рассмотрим малое транспортное предприятие города Новосибирска, на котором управление персоналом основано на самоорганизации его труда. Объем оказанных услуг на предприятии в период с 2010 по 2012 год ежегодно повышался и составил 66 %, численность персонала увеличилась на 92 %, соответственно, уровень производительности труда за данный период снизился на 13,5 %.

С целью определить причины снижения производительности труда на предприятии руководство решило провести индивидуальные фотографии рабочего времени работников, чтобы определить уровень занятости сотрудников производительными и непроизводительными процессами.

Данные структуры балансов фактического использования рабочего времени менеджера по логистике и диспетчера, работников, являющихся ключевыми в самоорганизации трудовой деятельности персонала организации, приведены в Таблице 1.

Таблица 1 – Структура балансов использования рабочего времени менеджера по логистике и диспетчера, %

Затраты рабочего времени	Менеджер по логистике	Диспетчер
Оперативное время	52	60
Подготовка докладов и отчеты:	20	24
Отдых и личные надобности	12	5
Оперативные совещания	11	11
Опоздание на работу	5	0
Итого	100	100

Из приведенных в таблице данных следует вывод, что в среднем сотрудниками производительно используется лишь 58 % рабочего времени. Большой отрезок рабочего времени (в среднем 33 %) ежедневно уходит на подготовку докладов, отчеты и оперативные совещания, что способствует снижению производительности их труда и негативно влияет на эффективность самоорганизации трудовой деятельности работников.

Для устранения выявленных причин непроизводительного использования рабочего времени и в целях повышения производительности труда и эффективности самоорганизации труда персонала руководству необходимо предоставлять сотрудникам больше времени на оперативную работу. Это возможно за счет, во-первых, сокращения количества оперативных совещаний до одного в неделю – в понедельник, что сэкономит порядка 9 % рабочего времени в неделю, во-вторых, регламентации времени на представление доклада, отчета в течение 20 минут, что сэкономит 7 % рабочего времени в неделю.

Таким образом, прежде чем принимать решения о развитии либо переходе на управление персоналом посредством самоорганизации труда, руководству малого предприятия необходимо реально оценить производительные и необходимые непроизводительные затраты времени на выполнение всех производственных процессов, осуществляемых на предприятии, провести оценку компетенций каждого сотрудника работать в условиях самоорганизации, оценить финансовые затраты на обеспечение всех условий для эффективной реализации данной организации трудовой деятельности персонала.

Руководство должно быть готово к тому, что персонал при данной стратегии управления будет самостоятельно ставить себе цели, расставлять приоритеты при решении поставленных задач и представлять ему только результат проделанной работы.

Литература

1. Малое предпринимательство: организация, управление, экономика: Учебное пособие / Под ред. проф. В. Я. Горфинкеля. М.: Вузовский учебник ИНФРА-М, 2010. С. 349.

2. Попов В. М., Ляпунов С. И., Касаткин Л. Л. Бизнес-планирование: анализ ошибок, рисков и конфликтов. М.: КноРус, 2003. С. 448. илл.

Электронные ресурсы:

3. Фотография рабочего дня [Электронный ресурс] URL: http://ru.wikipedia.org

Плаксина И.А.
преподаватель кафедры прикладного менеджмента Самарского
государственного экономического университета
e-mail: plaksina_irina@bk.ru

ОСОБЕННОСТИ ИННОВАЦИОННОГО РАЗВИТИЯ ВЫСШИХ УЧЕБНЫХ ЗАВЕДЕНИЙ[*]

Развитие конкурентных отношений между высшими учебными заведениями на рынках образовательных услуг, научных исследований и разработок и труда обусловливает необходимость реализации инновационного подхода к деятельности вузов. По нашему мнению, инновационное развитие университета предполагает системное внедрение инноваций во все сферы его деятельности с целью адаптации к динамично меняющимся условиям внешней среды и обеспечения собственного эффективного функционирования. В целом, инновационная деятельность высшего учебного заведения в условиях современной экономики может быть представлена в виде совокупности инновационных процессов, тесным образом связанных между собой:

1) инновации в образовании (инновационный образовательный процесс);

2) научные исследования и разработки, ориентированные на реальный сектор экономики (научно-исследовательский процесс);

3) инновации в области управления вузом (инновационный управленческий процесс).

Под **инновационным образовательным процессом** следует понимать процесс, ориентированный на создание нового образовательного пространства в высших учебных заведениях на основе использования инновационных образовательных технологий, активизации интеллектуального потенциала профессорско-преподавательского состава, аспирантов, студентов вуза и внедрения научных результатов, направленный на развитие образовательного процесса и вуза в целом [1, 11]. Цель инновационной ориентации образовательного процесса высшего учебного заведения состоит в подготовке высококвалифицированных кадров, способных решать сложные междисциплинарные задачи и востребованных на рынке труда. **Научно-исследовательский процесс** направлен на разработку технологических и нетехнологических инноваций для реального сектора экономики. **Инновационный управленческий процесс** основан на разработке и внедрении в вузе внутренних организационно-управленческих инноваций.

---

[*] Исследование выполнено при финансовой поддержке РГНФ в рамках проекта проведения научных исследований «Инновационное развитие как основа повышения конкурентоспособности высших учебных заведений», № 13-32-01012

Основу реализации внутренних инновационных процессов в высшем учебном заведении составляет инновационный потенциал как системная совокупность взаимодействующих и взаимосвязанных инновационных ресурсов сектора высшей школы, необходимых в процессе осуществления инновационной деятельности с учетом их ограниченного характера и возможного (положительного или отрицательного) влияния на конечный результат деятельности, а также фактор реализации конкурентных преимуществ высшей школы, ее инвестиционно-инновационной привлекательности [2, 186 – 189]. К основным инновационным ресурсам-компонентам инновационного потенциала вуза относятся интеллектуальные, кадровые, финансовые, материально-технические и инфраструктурные ресурсы, необходимые для организации инновационной деятельности (табл. 1).

Таблица 1

Элементы инновационного потенциала высшего учебного заведения

Элемент инновационного потенциала	Характеристика
Кадровые ресурсы	Профессорско-преподавательский состав, специалисты, аспиранты, студенты, участвующие в инновационной деятельности вуза; их творческие способности, эрудиция, готовность к разработке инноваций и инновационная восприимчивость
Интеллектуальные ресурсы	Знания, представленные ноу-хау, патентами, инновационными программами, проектами и др.
Финансовые ресурсы	Финансовое обеспечение инновационной деятельности вуза (бюджетные и внебюджетные источники)
Материально-технические ресурсы	Основные и оборотные средства, участвующие в инновационной деятельности вуза
Инфраструктурные ресурсы	Структурные подразделения вуза, новые организационные формы инновационных процессов, предназначенные для обслуживания инновационной деятельности вуза

Особое место в структуре инновационного потенциала вуза занимают кадровые ресурсы, поскольку инновационность и креативность кадров в значительной степени определяют темпы инновационного развития высшего учебного заведения. Таким образом, инновационный потенциал создает внутренние условия для реализации инновационных процессов высшего учебного заведения.

Вместе с тем, в условиях современной экономики значительное влияние на инновационное развитие вуза оказывает внешняя среда – сложившийся инновационный климат, содействующий или противодействующий достижению инновационной цели. По нашему мнению, инновационный климат высшего учебного заведения определяется состоянием макросреды (социальная, научно-техническая, экономическая и политико-правовая сферы) и микросреды (субъекты ближайшего окружения, непосредственно взаимодействующие с вузом) и оказывает влияние на способность вуза эффективно осуществлять инновационную деятельность. Структура макро- и микросреды инновационного климата высшего учебного заведения может быть представлена следующим образом (рис. 1).

```
                    ИННОВАЦИОННЫЙ КЛИМАТ ВУЗА
                              ↙        ↘
         Внешняя макросреда              Внешняя микросреда
           (МАКРОКЛИМАТ)                    (МИКРОКЛИМАТ)

    ┌──────┬──────┬──────┬──────┐   ┌──────┬──────┬──────┬──────┐
    │Соци- │Научно│Эконо-│Поли- │   │Обуча-│Бизнес│Конку-│Общес-│
    │альная│-тех- │миче- │тичес-│   │ющие- │-сооб-│ренты │тво в │
    │сфера │ниче- │ская  │кая и │   │ся    │щество│      │целом │
    │      │ская  │сфера │право-│   │      │      │      │      │
    │      │сфера │      │вая   │   │      │      │      │      │
    │      │      │      │сферы │   │      │      │      │      │
    └──────┴──────┴──────┴──────┘   └──────┴──────┴──────┴──────┘
```

Рис. 1. Структура инновационного климата высшего учебного заведения

Макросреда инновационного климата высшего учебного заведения представляет собой совокупность социальных, технологических, макроэкономических и политико-правовых факторов, которые могут оказывать влияние на инновационного развитие вуза:

1) социальные факторы: демографическая структура, уровень образования населения, социальные ценности в обществе;

2) научно-технические факторы: достижения науки и техники, влияющие на реализацию образовательного и научно-исследовательского процессов вуза;

3) экономические факторы: состояние экономики, состояние рынка труда, уровень доходов населения;

4) политико-правовые факторы: характер политических процессов, изменения в законодательном регулировании инновационной деятельности вузов и в области государственной инновационной политики.

Таким образом, основу внешней макросреды инновационного климата вуза составляет комплекс его взаимоотношений с **государством** как ключевым внешним стейкхолдером (заинтересованной стороной) высшего учебного заведения, представленным государственными институтами, осуществляющими формирование законодательной базы и реализацию государственной политики, в том числе в области инновационного развития сектора высшего образования.

Микросреда инновационного климата вуза представляет собой комплекс взаимоотношений с субъектами ближнего окружения, которые оказывают влияние на его функционирование:

«Обучающиеся» - студенты различных форм обучения, аспиранты, потребляющие образовательные услуги. В основу построения и развития взаимоотношений вуза с обучающимися должен быть положен ключевой принцип предоставления качественных образовательных услуг.

«Бизнес-сообщество» - предприятия реального сектора экономики, которые могут выступать одновременно как потребителями выпускаемых вузом специалистов, образовательных услуг для подготовки кадров, результатов научно-исследовательских разработок, так и поставщиками образовательных услуг (в рамках вовлечения представителей предпринимательского сектора в образовательный процесс вуза и повышения квалификации ППС на базе предприятий реального сектора экономики);

«Конкуренты» - субъекты сферы высшего образования, с которыми вуз конкурирует в образовательном пространстве, на рынках научных исследований и разработок и труда.

«Общество» - гражданское общество в целом, которое выступает потребителем научных, культурных, нравственных ценностей.

Таким образом, инновационный климат высшего учебного заведения представляет собой комплекс взаимоотношений вуза с заинтересованными сторонами (стейкхолдерами) макросреды (государство) и микросреды (обучающиеся, бизнес-сообщество, конкуренты, общество в целом) и отражает внешние условия осуществления инновационной деятельности.

В целом, комплексной характеристикой инновационной деятельности вуза, отражающей уровень восприимчивости к инновациям, способность к формированию и использованию инновационного потенциала на основе эффективной организации внутренних инновационных процессов в условиях сложившегося инновационного климата с целью достижения желаемых результатов, является инновационная активность высшего учебного заведения (рис. 2).

Таким образом, инновационную активность вуза характеризуют:
- восприимчивость вуза к инновациям (собственным и внешним);
- способность формировать и использовать инновационный потенциал;
- способность эффективно организовывать внутренние инновационные процессы;
- достижение желаемых результатов инновационной деятельности.

Важнейшей характеристикой инновационной активности вуза является результативность его инновационной деятельности. По нашему мнению, основными результатами (эффектами) инновационной деятельности вуза, характеризующими его инновационную активность, являются:

Рис. 2. Структура инновационной активности высшего учебного заведения

- **социальный эффект** – степень удовлетворенности внешних и внутренних заинтересованных сторон вуза. Социальный эффект определяется качеством образовательных услуг и научных исследований и разработок, в целом характеризует полезность вуза для общества и определяет его положение в обществе и государстве;
- **научный эффект** – получение новых научных знаний и прирост информации, предназначенной для «внутринаучного» потребления;
- **научно-технический эффект** – результат внедрения инноваций в образовательный процесс вуза и в реальный сектор экономики (инновационные продуты и услуги);
- **экономический эффект** – коммерческий эффект, полученный при использовании результатов инновационной деятельности вуза (доходы, полученные из внебюджетных источников, экономия затрат и др.).

В целом, основное значение при реализации инновационной деятельности вуза имеют социальный, научный и научно-технический эффекты, которые характеризуют степень удовлетворения высшим учебным заведением интересов и потребностей всех заинтересованных сторон. Экономический эффект не может выступать в качестве целевой установки в силу высокой социальной значимости деятельности вузов.

Таким образом, инновационная активность высшего учебного заведения определяется полнотой формирования инновационного потенциала и эффективностью реализации внутренних инновационных процессов, обеспечивающих трансформацию инновационного потенциала вуза в результаты инновационной деятельности в условиях сложившегося инновационного климата (рис. 3).

В целом, реализация инновационного подхода к деятельности высшего учебного заведения создает благоприятные условия для эффективного функционирования вуза и повышения его конкурентоспособности в условиях современной рыночной экономики.

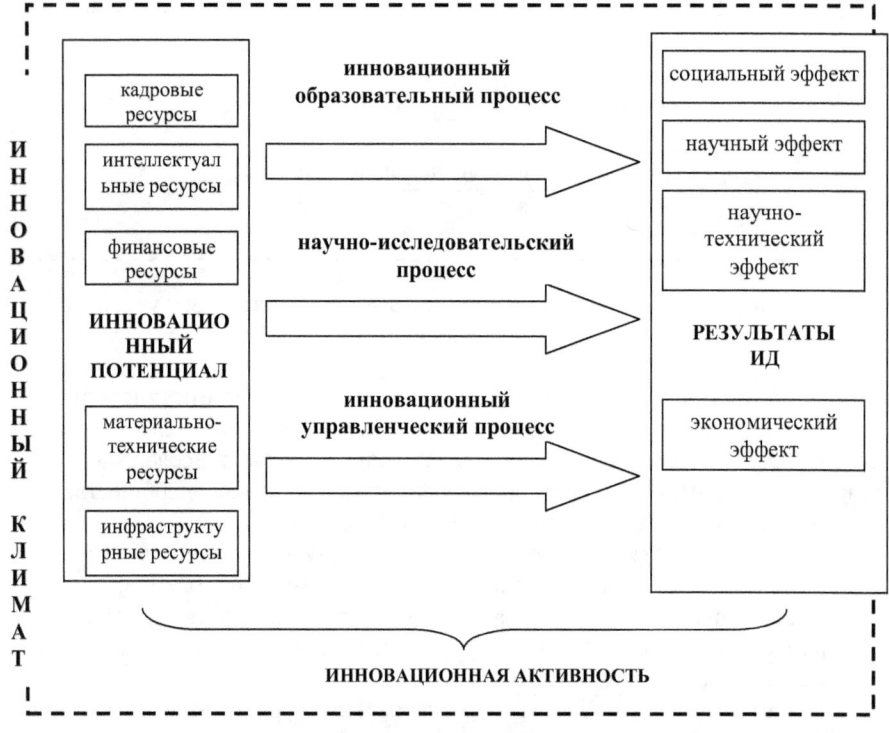

Рис. 3. Структура инновационной активности высшего учебного заведения

Список литературы:

1. Астафьева Н.В. Методология управления инновационным развитием университетских комплексов [Текст] : автореф. дис. ... д-ра экон. наук. – Саратов, 2008.

2. Емельянов С.Г. Экономический механизм стратегического управления развитием вуза [Текст] / С.Г. Емельянов. – М.: Высш. школа, 2007.

Вишневская Е.В.
к.э.н., доцент кафедры туризма и
социально-культурного сервиса НИУ «БелГУ»
Климова Т.Б.
доцент, к.э.н., доцент кафедры туризма и
социально-культурного сервиса НИУ «БелГУ»
Зубова И.В.
ассистент кафедры туризма и
социально-культурного сервиса НИУ «БелГУ»

ВОЗМОЖНОСТИ ПРИМЕНЕНИЯ ГЕОИНФОРМАЦИОННЫХ СИСТЕМ В РАЗВИТИИ РЕКРЕАЦИОННОГО ТУРИЗМА БЕЛГОРОДСКОЙ ОБЛАСТИ

При исследовании туристского потенциала территорий и разработке программ их освоения специалистам приходится сталкиваться с большим количеством информации, характеризующей различные стороны пространства. Незаменимым средством обработки такого рода информации являются географические информационные системы (ГИС) [1,15]. ГИС-технологии все большее применение находят в туристском проектировании и в процессе эксплуатации туристских ресурсов и объектов туристской индустрии.

Белгородская область является одним из привлекательных для туризма регионов. На территории региона расположено 2112 памятников истории и культуры. За последние годы на территории Белгородской области отреставрированы и построены десятки храмов, колоколен, часовен, Многие храмы являются уникальными памятниками истории и архитектуры, сохранившимися в веках и представляющими интерес для паломников: Преображенский кафедральный собор, где хранятся мощи Святого Иосафа; храм Архангела Михаила, где установлен и сохранился до наших дней мраморный иконостас; церковь Святых Апостолов Петра и Павла, воздвигнутый в память о павших в боях на Огненной Дуге и другие.

Многие регионы обладают ресурсами, которые могут быть в той или иной степени быть использованными в туристских целях при определенных условиях социального, экономического, политического, технического, экологического характера. Отметим, что ресурсный потенциал для развития туризма индивидуален в каждом регионе ввиду наличия различий в составе, количественных и качественных характеристиках туристских ресурсов. проведенное исследование показало, что Белгородская область располагает благоприятными предпосылками для организации различных видов туризма.

Для определения аттрактивности (привлекательности) туристско-рекреационных ресурсов на уровне административных единиц приемлема балловая модель оценки, основанная на мнении экспертов. С целью достижения объективных результатов в анализе туристско-рекреационных ресурсов и потенциала административных районов целесообразно использовать обобщенные показатели. Необходимо при этом учитывать величину показателя и его весовую значимость, что позволит уменьшить фактор субъективности в оценке.

В качестве критериев оценки туристско-рекреационного потенциала Белгородской области считаем целесообразно выделить: пейзажную привлекательность природных комплексов; их разнообразие и количество; уникальность и ценность объектов; транспортную доступность; пропускнубю способность; показатель насыщенности культурно-историческими ресурсами административных районов; количество объектов опеределенного вида туризма административного района; количество всех культурно-исторических ресурсов административного района.

Комплексную оценку туристско-рекреационного потенциала Белгородской области и отдельных ее административных районов необходимо проводить с учетом разработанных показателей.

Степень насыщенности различных административных единиц Белгородской области культурно-историческими ресурсами, которые могут быть востребованы в туристской деятельности, не является одинаковой. Данное обстоятельство оказывает влияние на особенности рекреационного освоения территории Белгородской области с целью развития туризма.

Ориентируясь на опыт других регионов Российской Федерации, на наш взгляд, следует создать региональную географическую информационную систему «Рекреация и туризм в Белгородской области», которая будет служить инструментом эффективного управления туристской деятельностью в регионе.

Активное развитие туризма и рекреационной деятельности во многих регионах России стимулирует создание картографических произведений, дающих адекватное и наглядное представление о ресурсах, инфраструктуре, объектах отдыха и оздоровления человека. В мире издается большой объем картографической продукции туристского назначения: карт, картосхем, схем, буклетов, путеводителей, атласов и др. Природные и социальные объекты, изображаемые на туристских картах, обычно взаимосвязаны в пространственном, содержательном и временном аспектах, следовательно, выявление логических связей между ними является одной из важных задач анализа карт и построения содержательной классификационной модели.

Такая модель может служить базой для создания относительно унифицированной системы туристского картографирования, которая будет способствовать выявлению взаимосвязей между различными объектами, формированию адекватного действительности и наглядного пространственного образа отображаемых явлений.

Для большей доступности всех данных о туристских объектах, необходимо использовать новейшие технологии, позволяющие быстро получить интересующую информацию – это ГИС-технологии. Созданная ГИС-система «Рекреация и туризм в Белгородской области» в последующем может быть размещена в сети Internet, что сделает максимально доступной информацию о туристско-рекреационных ресурсах региона для всех заинтересованных лиц.

Структура ГИС-ситемы как правило представляет собой набор информационных слоев. Многослойная электронная карта дает возможность не только хранить большой объем пространственной информации, но и проводить анализ данных, осуществлять визуализацию, повышать эффективность интерактивной обработки [2,32].

На первом этапе создания геоинформационной системы «Рекреация и туризм в Белгородской области» необходимо собрать всю информацию о рекреационных объектах, расположенных на исследуемой территории. Следующим этапом является перевод разрозненной информации в единую туристско-рекреационную базу, объединяющую как картографические объекты, так и атрибутивную базу к ним. На основе полученных данных происходит туристское районирование административных единиц Белгородской области.

Туристические маршруты могут иметь разную тематическую направленность: природно-ландшафтные, историко-культурные, православные, ремесленные и т.д.; различаться по типу прохождения – пешие, конные, автобусные, велосипедные и т.д. В связи с этим целесообразно информацию, представленную в геоинформационой системе разделить на слои в зависимости от тематики возможного маршрута. Например, в историко-культурный слой можно включить такие объекты как храмы, памятники архитектуры, памятники воинской славы, музеи и усадьбы. Природно-ландшафтный слой будет включать такие объекты как растительность, водоемы, населенные пункты, сельско-хозяйственные объекты, инфраструктурная сеть. В отдельный слой необходимо выделить ООПТ (особо охраняемые природные территории), их ландшафтные особенности позволяют создавать на данной территории зоны отдыха.

Использование разработанной региональной геоинформационной системы обеспечит возможность определения наиболее перспективных направлений развития туризма в Белгородской области и разработки программ туристких маршрутов.

Литература:
1. Журкин И.Г., Шайтура С.В. Геоинформационные системы. - М.: КУДИЦ-ПРЕСС, 2009. - 272 с.
2. Шипулин В.Д. Основные принципы геоинформационных систем. - Харьков: ХНАГХ, 2010. - 337 с.

Нюренбергер Л.Б.
доктор экономических наук, профессор, зав.кафедрой сервиса и организации коммерческой деятельности Новосибирского государственного университета экономики и управления,
г. Новосибирск, Россия
MOKD@nsaem.ru

ПРОБЛЕМЫ РАЗВИТИЯ РЕГИОНАЛЬНЫХ ТУРИСТСКИХ РЕКРЕАЦИОННЫХ КОМПЛЕКСОВ

В отечественной практике имеется определенный исторический опыт формирования региональных комплексов туристско-рекреационного типа.

Ретроспективный анализ позволяет констатировать, что в этой сфере сложилась устойчивая традиция государственно-общественной собственности, рассчитанной на удовлетворение усредненных потребностей так называемых «массовых» потребителей. Подход к развитию социальной инфраструктуры по остаточному принципу не способствовал развитию социальной инфраструктуры туристских территорий.

В связи с этим для Алтая, также как и для других регионов Сибири, характерным является неразвитость современных туристских форм и видов обслуживания.

Оценка территориальных ресурсов, приводимая в ряде научных исследований по социально-экономическому развитию республики Алтай и Алтайского края позволяет отметить общую особенность, присущую в целом всему Алтаю – это огромный туристский потенциал, характеризующийся таким комплексом факторов как благоприятные и разнообразные природно-климатические условия (здесь представлены и тайга, и степи, и полупустыни), многочисленные живописные горные, подгорные и степные ландшафты, водные пространства – реки, озера, водопады и ледники, минеральные и грязевые источники, памятники историко-культурного наследия.

Предложение туристских услуг Алтая базируется на уникальной по красоте и разнообразию природе, на системе национальных парков, заповедников, заказников. В этом случае открываются возможности для развития экологического (мягкого туризма), на который имеется постоянно возрастающий спрос как в России, так и за рубежом. Это предопределяет серьезное значение экологического и санаторно - оздоровительно туризма для региона. Весьма эффективными видами туризма можно признать охоту и рыболовство, сбор растений и камней, приключенческий и спортивно – оздоровительный туризм. Представляет значительный интерес и туризм, нацеленный на определенные национально-культурные акции, например фестивали национальных песен и танцев, музыки и спорта, знакомство с культурными и бытовыми традициями народа.

Все, что касается установки на максимальное использование природно-климатических условий, не вызывает сомнений. Однако анализ материальной базы туризма показывает, что в основном, предложение было ориентировано на спрос, который практически не ограничивался ценой. Большинство существующих учреждений туризма отличается крайне низкой комфортностью, простотой обслуживания, что в значительной степени определялось характером распределения путевок (бесплатно или по льготной цене). Поэтому для формирования материальной базы фактором цены можно было практически пренебрегать.

В то же время цена – один из главных, а может быть и главный ориентир в предпринимательстве, поскольку она служит количественным выражением тех затрат, которые согласен нести потребитель ради того, чтобы получить то или иное благо в виде товара или услуги. Ушло в пошлое ценообразование, состоявшее из расчета себестоимости и установления приемлемого для производителя процента рентабельности. Сегодня задача стоит иначе – цена зависит от внешних факторов, а конкретный производитель туристских услуг должен решить, может ли он при своих издержках заниматься оказанием услуг.

Таким образом, выбор специализации туризма Алтая это серьезное и, прежде всего, экономическое решение, для которого требуется анализ как потенциала предложения, так и эластичности спроса.

Выбор туризма как ведущей отрасли диктуется не только тем, что территория располагает уникальным и многообразным комплексом рекреационных ресурсов, но и условием наиболее эффективного использования совокупного производственного и социокультурного потенциала.

Нынешнее состояние инфраструктуры туризма может обеспечить туристское движение в весьма скромных объемах. В связи с этим возникает необходимость реализации шагов, выходящих за рамки становления туристского комплекса, которые могут решаться только в рамках общих подходов к развитию экономики региона. Речь идет о следующем:

- во-первых, о создании современной системы магистрального (международного и общероссийского) и местного транспорта и связи;
- во-вторых, о создании системы энергетического и инженерного обеспечения туристической инфраструктуры;
- в-третьих, об обеспечении высокого уровня развития социально – бытовой, спортивной и культурной сферы жизни населения.

Литература:

1. Ковынева Л.В. Региональный туризм: монография / Л. В. Ковынева; ДВГУПС. Каф. «Социально-культурный сервис и туризм». - Хабаровск: Изд-во ДВГУПС, 2005.
2. Самойленко А.А. География туризма: учеб. пособие / А.А. Самойленко; - Ростов н/Д: «Феникс», 2006.
3. Нюренбергер Л.Б., Егорова Н.Н. Управление туристско-рекреационным потенциалом региона. – Кемерово: КузГТУ, 2008.

Nazarenko R.V.
PhD student in National Metallurgical Academy of Ukraine,
Dnepropetrovsk, Ukraine.
Senior specialist, Department of Strategic Analysis, Interpipe Ukraine LLC,
Dnepropetrovsk, Ukraine..
E-mail: ruslan.nazarenko@interpipe.biz, ruslan_v_nazarenko@rambler.ru

CONSIGNMENT REQUIREMENTS CONSIDERATION FOR ECONOMIC ORDER QUANTITY MODEL

Theoretical aspects of consignment constrains influencing to Economic Order Quantity are reviewed in this article. Using of Economic Order Quantity approach in supplying chains allows descending total cost in operational activities of industrial enterprises. We propose new methodology of taking choice of lot-size to avoid losses because of non-optimal charging of transporting devices. It is shown that the introduction of this model can reduce the total cost of materials about 8%.

Key wards: economics, supplying chains management, inventory management, economic order quantity, mathematic model.

Among the crucial goals of industrial companies there are realizing opportunities of products cost reduction and implementation of competitive sells policy. Today the greatest number of powerful financial-industrial groups in Ukraine runs over mining and metallurgical industry (MMC). The peculiarity of MMC is a high material consumption and significant share of the cost that associated with the acquisition of raw materials. That's why forming of reliable supplying chains that allow minimizing of materials' total cost (**TC**) and optimizing of immobilized working capital are very impotent problems for management [1, 59]. Such kind of supplying chains on the basis of long-term contracts can provide effective planning and best practice approaches in inventory management (IM). One of well known IM models since 1930s is the Economic Order Quantity (**EOQ**) that can be applied when the demand for resource is even. This assumes the following: no lot-size limitation, zero lead-time and unacceptable stock deficit.

Widespread economic literature describes several modifications of this approach: traditional Wilson's formula, K-curve methodology, production stock model, **EOQ** model with lot-size discounting and some others [2, 39-45], [3, 14-15]. But to approximate **EOQ** models to practical use, besides of considered in mentioned modifications parameters, it's necessary to take in account consignment constrains. The matter is that theoretical value of **EOQ** rarely can be divided in integer number of wagons, vehicles, containers etc. Very often the payment for underused device will be the same as for full loaded one, that's why the object of this investigation is to find the best decision of minimum **TC** considering influence of consignment constrains.

Traditionally **EOQ** model makes reckoning of fixed costs associated with i-item ordering S_i, \$/order, and material holding H_i, \$/unit, including fixed shipment costs. As a rule shipment costs of materials are considered as a variable ones proportional to demand. Indeed, Wilson's formula shows optimal ordering quantity as

$$Q_{i0} = (2D_i S_i / H_i)^{0,5}, \qquad (1)$$

where D_i - demand value a year, units. Q_{i0} – is a extremum (minimum) of TC_i – function:

$$TC_i = C_i D_i + S_i D_i / Q_i + V_i D_i + 0{,}5 Q_i H_i,$$

where C_i – price of item, \$/unit, V_i – other proportional costs, \$/unit.

The problem of estimation of adequate values of S_i, H_i and integration items in groups are reviewed in [1, 59-65]. As we can see, traditional conception doesn't reflex the nature of saw-shaped shipment costs because of containers' filling level. But to consider it, we can reformulate TC_i - function as following:

$$TC_i = C_i D_i + S_i D_i / Q_i + D_i V_i + 0{,}5 Q_i H_i + \lceil Q_i / q \rceil qt D_i / Q_i,$$

where t – shipment cost of material in full container, \$/unit, q – capacity of container, units. Rounding up of ratio $\lceil Q_i / q \rceil$ gives number of containers in shipment party. Having used trigonometric expression, we receive next formula of TC_i:

$$TC_i = D_i(C_i + V_i + t) + 0{,}5 Q_i H_i + (S_i + qt(0{,}5 + \text{arctg}(\text{ctg}(\pi Q_i / q) / \pi))) D_i / Q_i, \quad (2)$$

On the figure 1 we can see **TC**-value solid curve when consignment constrains are ignored and **TC**-value saw-shaped dotted line that expresses influence of container capacity. Specified data of supplied material are following: D_i = 1000 tons, $(C_i + V_i)$ = 100 \$/ton, S_i = 30 \$/order, H_i = 50 \$/ton, t = 5 \$/ton, q = 30 tons.

In case of traditional **EOQ** application buyer will suffer loss \$8 268 that corresponds to about 8% of contract price.

The effect of consignment constraints influencing on **TC** under terms of fixed values of **D/Q** ratio is depicted on figure 2. The ratio **Q/q** is assumed as an argument of function and shows container load value, provided material is equally allocated in containers. The ratio **ΔTC/(qt)** is overpayment expressed in number of full containers, where **ΔTC** – is a difference between traditional **TC** function and one that consider overpayment for underused containers.

As it's shown on the figure 2, the bigger **D/Q** ratio, the bigger possible losses of non-optimal decision. At the same time pattern of **ΔTC/(qt)** – function has repetitive nature on the argument's segments equal 1.

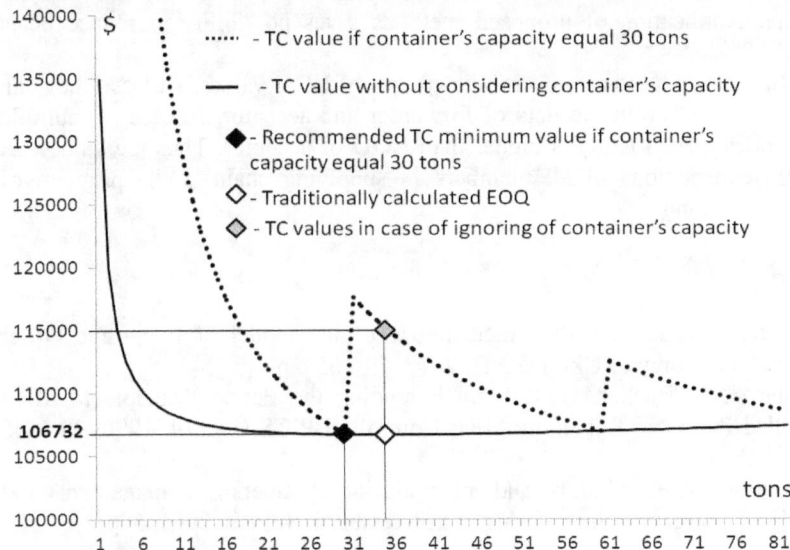

Fig.1 - TC-value curves: traditional and proposed

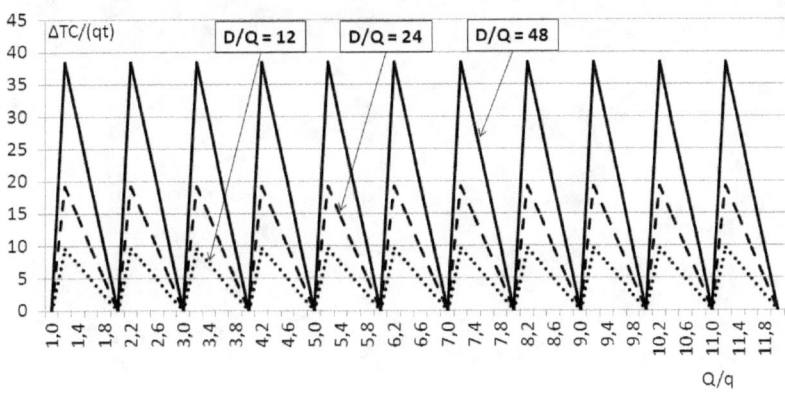

Fig.2 – Overpayment in number of full containers as a function of ratio Q/q

As a result we propose following method to find optimal **EOQ**.
Step 1. Using traditional formula (1) to calculate rough **Q**.
Step 2. To find the nearest **Q** values (Q_1 and Q_2) as multiples of **q**.

Step 3. Using formula (2), to find **TC₁** and **TC₂** as functions of **Q₁** and **Q₂**.
Step 4. To compare **TC₁** and **TC₂**. The minimum refers to optimal **EOQ**.

This approach allows finding best decisions while making supplying chains and forming contracts. The figure 2 and likewise can help to make brief estimation of possible losses during negotiations. All calculations can be performed on the basis of complex ERP-system or MS EXCEL and similar software. Application of proposed methods gives possibility to reduce costs about 2 - 8%.

In practice there are several viewpoints of **EOQ** values. At least, they can be calculated according to data of forwarder and acceptor. In case of multiple acceptors estimated **EOQ** is bigger than **EOQ** of acceptor. Thus the value that conform expectations of all members in supplying chain is the problem of further optimizing.

References

1. Nazarenko R.V. "On the practical use of the model of Economic Order Quantity", Economy of Ukraine №7, 2013, 59 - 65 p.p.
2. Shah, S., P. Bucher, G. Relph. "Extending the Pareto Principle to MRP Controlled Parts and Regaining MRP Control", BPICS Control, 1990, 39 – 45 p.p.
3. Makarov V.M. Models and methods of Production management and Logistics. Control over Inventories.: St.-Petersburg, SPSPU, 2003, 59p.

Шаперенков А.В.
канд. экон. наук., заместитель председателя правления
ОАО «ВиЕйБи Банк», г. Киев
sunama@ukr.net

ОСОБЕННОСТИ УЧАСТИЯ БАНКОВ В РАЗВИТИИ ИННОВАЦИОННОГО ПОТЕНЦИАЛА УКРАИНЫ

В современных условиях практически во всех странах мира возникла необходимость расширения масштабов привлечения внебюджетных средств для инновационной деятельности и активизации участия банков в этом процессе. Потенциально наиболее весомыми участниками этих процессов могут стать банковские учреждения. Но в Украине активизация участия банковских учреждений в денежном обеспечении инновационного потенциала наталкивается на весомые препятствия. Именно поэтому важной задачей научного сообщества есть разработка теоретического обоснования особенностей участия банковских учреждений в этом процессе.

Идеи необходимости накопления средств финансовыми посредниками с последующей их трансформацией в инновационные ресурсы с использованием ссудных форм были выдвинуты еще А. Смитом, Ф. Бастиа, А. Маршаллом [1; 2; 3]. Современное теоретическое обоснование этой проблемы заложено в работах зарубежных и отечественных ученых: Т. Васильевой, А. Гальчинского, В. Гейца, А. Кінаха, В. Семиноженко, Г. Фатхутдинова, Л. Федуловой, В. Шовкалюка и др. [4-8].. Невзирая на это, реально действующий механизм активизации участия банков в развитии инновационного потенциала отсутствует. Все это и определило цель представленного исследования: исследовать макроэкономические препятствия в процессе активизации участия банков в развитии инновационного потенциала Украины.

В уставах большинства отечественных банков присутствует пункт об их участии в финансировании инновационной деятельности предприятий, а именно: предоставление инновационных кредитов, совместное финансирования, предоставление финансово посреднических услуг, организация совместного производства, целевое финансирование исследований и разработок, лизинговые операции и т. д. Но нестабильность экономики и отсутствие достаточных гарантий возвращения инновационных кредитов обусловливают их высокий финансовый риск, а отсюда и невыгодность для банков таких операций. Результаты осуществленного анкетного опроса респондентов – представителей банков, позволили выявить основные макроэкономические препятствия относительно активизации участия банков в общей системе денежного обеспечения инновационного потенциала в Украине. Наиболее весомыми препятствиями на макроэкономическом уровне оказались: отсутствие стабильной политической ситуации в стране, отсутствие стратегии развития экономики и несовершенство нормативно правового обеспечения развития инновационного потенциала (Рис.1).

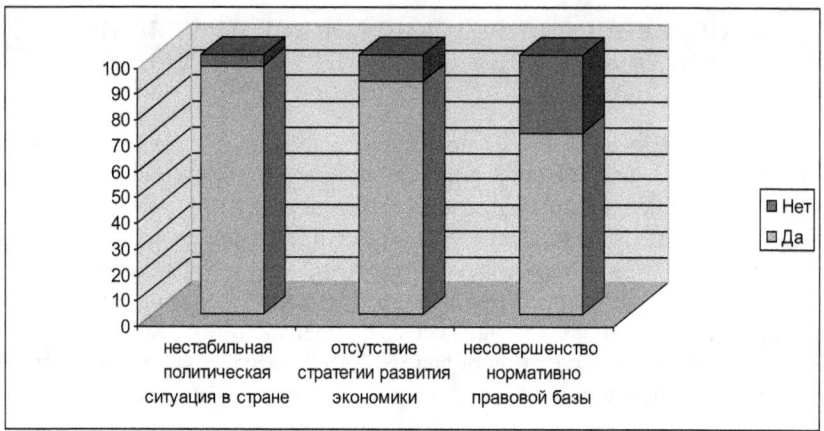

Рис. 1. Распределение ответов респондентов относительно основных препятствий активизации участия банков в развитии инновационного потенциала Украины, %*

* Составлено автором за материалами анкетного опроса

Базовым препятствием активизации участия банков в развитии инновационного потенциала в Украине есть отсутствие стабильной политической ситуации в стране, что обусловливает отсутствие адекватной стратегии развития экономики, основу которой составляет уровень развития инновационного потенциала. Низкую эффективность стратегической политики в Украине обусловливают неадекватность оценки основных макроэкономических закономерностей, пренебрежение базовых политико-экономических интересов, как основы реализации экономической стратегии и т.д. Конечным следствием этого єсть краткосрочность стратегической политики государства. Обеспечение же стабильных темпов развития экономики Украины возможно только в средне- и долгосрочной перспективе, что требует ускоренного инвестирования реального сектора экономики, внедрения эффективных механизмов привлечения средств населения, доходов от приватизации и создания благоприятных условий для внутренних и прямых иностранных инвестиций.

В Украине государство осуществляет регулирование инновационной деятельности через реализацию соответствующей инновационной политики, которая включает совокупность законодательных и нормативных актов и мероприятий, направленных на создание благоприятного инновационного климата в государстве. Инновационная политика должна объединять общими заданиями науку, технику, производство, потребление, финансовую систему, образование и ориентироваться на использование интеллектуальных ресурсов, развитие высокотехнологичных производств и приоритетов экономики [8].

Наиболее весомым препятствием активизации участия банков в денежном обеспечении инновационного потенциала в Украине является также несовершенное правовое обеспечение инновационной деятельности. По данным Государственного комитета статистики Украины из всех причин, которые тормозят инновационную деятельность, несовершенство законодательной базы составляет почти 40% [9].

В целом современная нормативно-правовая база относительно научно-технической и инновационной деятельности в Украине насчитывает около 200 документов. Нормы об инновационной деятельности, которые содержатся во многих актах разных отраслей законодательства Украины, имеют достаточно выразительные признаки постоянного совершенствования, но результативность их влияния на развитие инновационных процессов еще недостаточная. Анализ правового регулирования денежного обеспечения инновационного потенциала в Украине позволил выделить основные его проблемные зоны:

- отсутствие единственной законодательной базы относительно формирования и развития инновационного потенциала;
- наличие существенных разногласий в существующих нормативных актах и законах, которые регламентируют сферу инновационной деятельности;
- декларативный характер общего законодательства, которое заложено в основу политики денежного обеспечения инновационного потенциала;
- отсутствие эффективных механизмов обеспечения выполнения государственной политики в сфере инновационной деятельности на уровне специальных нормативно правовых актов;
- отсутствие на законодательном уровне основ государственно – приватного партнерства в части развития инновационного потенциала;
- отсутствие на законодательном уровне системы стимулов относительно привлечения в инновационную сферу внебюджетных средств, в том числе со стороны банков;
- отсутствие механизма определения субъектов льготного налогообложения и кредитования за критериями, связанными с инновационной деятельностью и т. д.

Состояние системы нормативно-правового регулирования денежного обеспечения инновационного потенциала в Украине характеризуется отсутствием единственных методологических подходов относительно создания необходимой законодательной базы, которая учитывала бы реально существующие экономические и социальные условия. Законодательные акты определяют общие, наиболее принципиальные положения отдельно вещественной и отдельно трудоресурсной составляющей инновационного потенциала. Эти положения являются несогласованными между собой и, как следствие, не регламентируют развитие инновационного потенциала Украины в целом.

Существующие разногласия в нормативных актах и законах вынуждают как предприятия, так и банковские учреждения, тормозить свою инновационную деятельность. Так, например, согласно ст.325 Хозяйственного кодекса Украины инновационная деятельность в сфере ведения хозяйства определена как деятельность участников хозяйственных отношений, что осуществляется на основе реализации инвестиций с целью выполнения долгосрочных научно-технических программ с длительными сроками окупаемости расходов и внедрения новых научно-технических достижений в производство и другие области общественной жизни [10]. Законом «Об инновационной деятельности» инновационная деятельность определяется как деятельность, которая направлена на использование и коммерциализацию результатов научных исследований и разработок и предопределяет выпуск на рынок новых конкурентоспособных товаров и услуг [11]. В сравнении с формулировкой ст.325 Хозяйственного кодекса Украины это определение характеризует этот вид деятельности с точки зрения принципиально другой позиции — коммерциализации и рынка.

Стоит также отметить, что остается недоработанным законодательство относительно определения приоритетных направлений, в которых осуществляется инновационная деятельность. В развитых странах их есть несколько, зато в Украине их значительно больше, что в свою очередь осложняет развитие отмеченных приоритетов и их денежного обеспечения [12].

Кроме вышеупомянутых проблем неадекватность законодательной и нормативно-правовой базы денежного обеспечения инновационного потенциала усиливается прямым игнорированием законодательства или остановкой действия статей законов. Примером такого игнорирования может быть фактическое государственное финансирование научно-технической деятельности, которое в течение последних пяти лет не превышает 0,4% ВВП, а согласно статьи 34 Закона Украины «О научной и научно-технической деятельности» нормой этого показателя есть 1,7% [13].

Эффективность инновационной политики обусловливается также ее способностью использовать прямые и непрямые инструменты государственного регулирования инновационной деятельности. В Украине в настоящее время практически отсутствуют реальные механизмы непрямой государственной политики, хотя блок финансового законодательства и позволяет это делать. Так, например, в налоговом законодательстве Украины среди принципов построения и назначения системы налогообложения первым принципом значится стимулирование научно-технического прогресса, технологического обновления производства, выхода отечественного товаропроизводителя на мировой рынок высокотехнологичной продукции. Однако на деле финансовые институции чаще противодействуют инновационному развитию, чем способствуют ему, будучи инициаторами прекращения статей законов, которые касаются предоставления налоговых льгот исполнителям инновационных проектов.

Таким образом, отсутствие системного подхода относительно денежного обеспечения инновационного потенциала не компенсируется увеличением количества законодательных и нормативно правовых актов, многочисленными изменениями и дополнениями к ним. Как мировой, так и отечественный, опыт свидетельствуют, что чем чаще изменяются правовые нормы, тем хуже они выполняются. Для активизации участия банков в развитии инновационного потенциала нужно как минимум создать эффективные механизмы реализации уже имеющейся законодательной и нормативно правовой базы Украины. При этом основными мероприятиями могут быть:

- на законодательном уровне установить и закрепить систему государственно-частного партнерства в части развития инновационного потенциала, который будет учитывать четкий механизм предоставления льгот всем участникам этого процесса;
- создать законодательную основу относительно привлечения долгосрочных средств домохозяйств в финансово-кредитные институты и их направления на потребности развития инновационного потенциала,
- законодательно обосновать методические принципы проведения государственных экспертиз, как инновационных проектов, так и проектов развития человека, который является движущей силой развития инновационного потенциала,

➢ разработать и ввести механизм усиления заинтересованности коммерческих банков в увеличении объема инвестиций в форме долгосрочного кредитования инновационной деятельности.

Литература

1. Смит А. Благосостояние наций: Исследование о природе и причинах благосостояния наций / А. Смит. - К. : Port - Royal, 2001. - 593 с. - (Философские первоисточники).
2. Юхименко П. И. История экономических учений :[учебн. пособ.]. - К. : Знание-пресс, 2002. - 514 с. -(Высшее образование XXI века).
3. История экономических учений: учебник /[под ред. В.Д. Базилевича]. - К. : Знания, 2004. - 1300 с.
4. Васильева Т.А. Системные взаимосвязи инновационного развития экономики и его инвестиционного обеспечения // Наука и науковедение. - 2007. - №4. - С. 120-129.
5. Гальчинський А., Геєц В., Кинах А.,Семиноженко В. Инновационная стратегия украинских реформ. - К.: Знание Украины, 2002. - 336 с.
6. Фатхутдинов Р.А. Инновационный менеджмент. - Спб.: Питер, 2002. - 400 с.
7. .Федулова Л.І. Финансирование инноваций в посткризисный период: сбалансированность финансовой и инвестиционной политики/ Л.И. Федулова// Финансы Украины.- 2011. - № 8. - С. 15-28.
8. Шовкалюк В.С. Государственная политика в инновационной сфере.[Электронный ресурс].-Режим доступа:http://www.eep.org.ua/files/
9. Официальный сайт Госкомстата Украины. [Электронный ресурс]. - Режим доступу::http://www.ukrstat.gov.ua/
10. Хозяйственный кодекс Украины от 2003 г. N 18, N 19-20, N 21-22, //Ведомости Верховной Рады Украины(ВВР), 2003, N 18, N 19-20, N 21-22, ст.144
11. Об инновационной деятельности: Закон Украины от 4.04.2002 г. №40 -IV.[Электронный. ресурс] - Режим доступа : http: // zakon.rada.gov.ua
12. О приоритетных направлениях инновационной деятельности в Украине: Закон Украины от 16 января 2003 года №433-14 // Голос Украины. - №28. - 13 февраля 2003 года.
13. О научной и научно-технической деятельности: Закон Украины от 13.12.91. с изменениями внесенными по закону N 2505 - IV(2505-15) от 25.03.2005.[Электронный. ресурс] - Режим доступа: http:// zakon.rada.gov.ua

Сизиков А.П.
доцент, кандидат экономических наук, Самарский государственный экономический университет, кафедра высший математики и экономико-математических методов, apsizikov@mail.ru

ИНВАРИАНТ СВЕРТКИ ИЕРАРХИЧЕСКОГО ВЕКТОРНОГО КРИТЕРИЯ

При решении задач векторной оптимизации наиболее простой и естественный подход – замена векторного критерия некоторой сверткой, т.е. метрикой, составленной из его компонент. При этом все составляющие критерия сначала приводят к безразмерному виду, вводя отношения реальных значений к некоторым номинальным, а затем сворачивают в одну функцию, наделяемую статусом обобщенного критерия. Последний чаще всего имеет смысл расстояния до некоторой идеальной точки.

Рассмотрим вопрос на примере канонической задачи линейного программирования:

$$\max\{(c,x) | Ax = b, x \geq 0\}. \qquad (1)$$

Если вектор b рассматривать не как правую часть ограничений, а как набор целевых показателей, заранее имея в виду, что все вместе они могут быть недостижимы, то задачу (1) следует модифицировать следующим образом:

$$(c,x) - \mu\Phi(\delta) \to \max,$$
$$\begin{cases} \delta = W^{-1}(Ax - b), \\ x \geq 0, \end{cases} \qquad (2)$$

где δ - вектор взвешенных относительных отклонений расчетных значений показателей от заданных; $\Phi(\delta)$ - штраф за отклонение; μ - число, достаточно большое для того, чтобы обеспечить приоритет достижения целевых показателей над максимизацией изначальной целевой функции; $W = (Eb)G^{-1}$, G - диагональная матрица, элементами который являются веса, суть экспертные оценки важности соответствующих показателей.

Если цели достижимы, т.е. $\{x \mid \delta(x) = 0, x \geq 0\} \neq \varnothing$, то решение задачи определяется изначальным критерием. Иначе доминирует штрафная составляющая, в качестве которой берется некоторая норма вектора δ. Формально здесь возникает проблема выбора весового коэффициента μ. Практически же эту проблему можно обойти, если использовать двухэтапную схему расчета, при которой сначала решается задача

$$\Phi(\delta) \to \min,$$
$$\begin{cases} \delta = W^{-1}(Ax - b), \\ x \geq 0, \end{cases} \quad (3)$$

а затем, если окажется, что $\Phi(\delta) = 0$, задача (1).

Существенным является вопрос выбора функции $\Phi(\delta)$. Как отмечалось выше, этот критерий имеет смысл расстояния до некоторой целевой точки в многомерном пространстве. Здесь можно использовать метрику гёльдеровых норм. Норма p-го порядка для вектора $\delta = (\delta_1, \delta_2, ..., \delta_m)$ определяется по формуле

$$\|\delta\|_p = \left(\sum_{i=1}^{m}|\delta_i|^p\right)^{\frac{1}{p}}. \quad (4)$$

Например, это может быть его длина или, иначе говоря, гёльдерова норма второго порядка, $\Phi(\delta) = \|\delta\|_2$. Можно избавиться от иррациональности и вместо самого расстояния минимизировать его квадрат. В этом случае получим задачу

$$(c, x) - \mu \delta^T \delta \to \max,$$
$$\begin{cases} \delta = W^{-1}(Ax - b), \\ x \geq 0. \end{cases} \quad (5)$$

Однако от квадратичной задачи лучше перейти к линейной, получив последнюю заменой нормы второго порядка линейной комбинацией норм порядков $p = 1$ и $p = \infty$:

$$\Phi(\delta, \alpha) = \alpha\|\delta\|_1 + (1-\alpha)\|\delta\|_\infty, \quad (6)$$

где $\alpha \in [0,1]$ - параметр; $\|\delta\|_1$ - сумма абсолютных значений координат вектора; $\|\delta\|_\infty$ - максимальное из абсолютных значений координат вектора, так называемая sup-норма.

Критерий (6) легко вводится в линейную задачу:

$$(c, x) - \mu\left[\alpha\left(I, (\delta^- + \delta^+)\right) + (1-\alpha)\delta^*\right] \to \max,$$
$$\begin{cases} Ax + W\delta^- - W\delta^+ = b, \\ \quad E\delta^- \quad - I\delta^* \leq 0, \\ \quad \quad E\delta^+ - I\delta^* \leq 0, \\ x, \delta^-, \delta^+, \delta^* \geq 0, \end{cases} \quad (7)$$

где $\delta^-(\delta^+)$ - вектор взвешенных относительных отклонений вниз (вверх) расчетных значений показателей от заданных; I - вектор единиц; $\delta^* = \|\delta\|_\infty$.

Всю совокупность условий, ограничений, показателей реальной задачи можно, как правило, разделить на группы, подгруппы и т.д. Получается иерархическая структура, представляемая древовидным графом, листья которого есть координаты вектора δ, а узлы Δ – свертки критериев нижних уровней. Свертку (6) можно рассматривать как инвариант свертки обобщенного иерархического критерия, узел которого определяется так:

$$\Delta^\ell_{v,n} = w^\ell_{v,n} \Phi\left(\alpha^\ell_{v,n}, \Delta^{\ell-1}_{n,1}, \Delta^{\ell-1}_{n,2}, \ldots\right), \quad \Delta^0 = \delta, \qquad (8)$$

где $\Delta^\ell_{v,n}$ есть n-й критерий ℓ-го уровня, участвующий в образовании v-го критерия $(\ell+1)$-го уровня; $w^\ell_{v,n}$, $\alpha^\ell_{v,n}$ - регулируемые параметры.

Важной особенностью применяемого подхода является то, что настройка параметров в каждом разделе каждого уровня осуществляется обособленно, независимо от других. Все веса w, каким бы способом они ни были получены, нормируются так, чтобы их сумма была равна единице. Таким образом, в каждом разделе каждого уровня приоритеты составляющих его элементов определяются только относительно друг друга. Ранг же самого раздела формируется на следующем уровне.

Для того, чтобы составить задачу с таким критерием, нужно включить в состав модели дополнительные переменные Δ, а также соответствующие уравнения и неравенства, связывающие эти переменные между собой и с основными переменными.

Для формирования показателя $\Delta^{(\ell+1)}_{lv}$ в исходную модель нужно добавить следующий блок условий

$$\begin{pmatrix} -I^\ell_v & E^\ell_v & 0 \\ 0 & -W^\ell_v & A^\ell_v \\ 0 & 0 & D^\ell_v \end{pmatrix} \begin{pmatrix} \Delta^{*\ell}_v \\ \Delta^\ell_v \\ \Delta^{\ell-1}_v \end{pmatrix} \leq \begin{pmatrix} 0 \\ 0 \\ 0 \end{pmatrix}, \qquad (9)$$

где $\Delta^\ell_v = \left(\Delta^\ell_{v1}, \Delta^\ell_{v2}, \ldots, \Delta^\ell_{v|v|}\right)^T$; $\Delta^{*\ell}_v = \max\left\{\Delta^\ell_{vk} \mid k=1,2,\ldots|v|\right\}$; I^ℓ_v - вектор единиц; E^ℓ_v - единичная матрица; W^ℓ_v - матрица весовых коэффициентов показателей раздела; $\Delta^{\ell-1}_v = \left(\hat{\Delta}^{\ell-1}_1, \hat{\Delta}^{\ell-1}_2, \ldots, \hat{\Delta}^{\ell-1}_{|v|}\right)^T$, $\hat{\Delta}^{\ell-1}_v = \left(\Delta^{*\ell-1}_v, \Delta^{\ell-1}_v\right)^T$ - векторы нижнего уровня, образующие текущую свертку; A^ℓ_v - матрица коэффициентов, с которыми показатели нижнего уровня входят в линейную комбинацию свертки; D_ν^ℓ - блочно-диагональная матрица.

$$A_\nu^\ell = \begin{pmatrix} \Lambda_\nu^\ell & 0 & ... & 0 \\ 0 & \Lambda_\nu^\ell & ... & 0 \\ ... & ... & ... & ... \\ 0 & 0 & ... & \Lambda_\nu^\ell \end{pmatrix}, \quad D_\nu^\ell = \begin{pmatrix} M_{\nu 1}^{\ell-1} & 0 & ... & 0 \\ 0 & M_{\nu 2}^{\ell-1} & ... & 0 \\ ... & ... & ... & ... \\ 0 & 0 & ... & M_{\nu|\nu|}^{\ell-1} \end{pmatrix},$$

где $\Lambda_\nu^\ell = (1 - \alpha_\nu^\ell, \alpha_\nu^\ell, ..., \alpha_\nu^\ell)$; $M_{\nu k}^{\ell-1}$ - матрица, соответствующая k-у показателю нижнего уровня, $k = 1, 2, ..., |\nu|$.

Каждая из матриц $M_{\nu k}^{\ell-1}$ имеет такую же структуру, что и рассматриваемая родительская:

$$M_{\nu k}^{\ell-1} = \begin{pmatrix} -I_k^{\ell-1} & E_k^{\ell-1} & | & 0 \\ 0 & -W_k^{\ell-1} & | & A_k^{\ell-1} \\ \hline 0 & 0 & | & D_k^{\ell-1} \end{pmatrix}.$$

Таким образом, ее можно рассматривать как матричное представление инварианта (8). Этот структурный инвариант используется при реализации рекуррентной процедуры формирования матричной модели с обобщенным иерархическим критерием (Рис. 1)

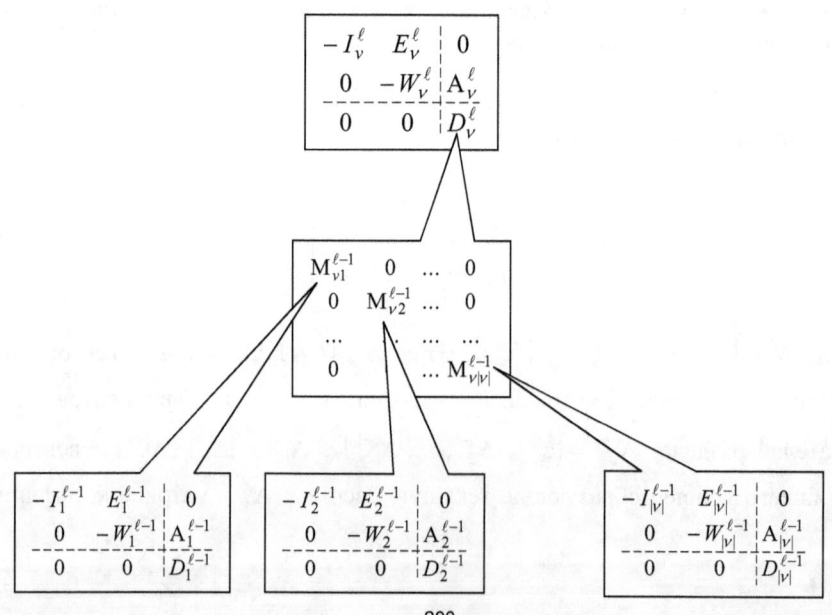

Рис. 1. Структура матричной модели

Описанный подход реализован в авторском программном продукте: [1]. Использован критерий, составляющими которого являются сведенные в группы и подгруппы различные технико-экономические показатели: прибыль, рентабельность, выход светлых, глубина переработки нефти, загрузка установок, качество продуктов смешения, балансы (материальный, топливный). Номинальная задача, решаемая программой, - расчет оптимального производственного плана и соответствующего ему общего материального баланса предприятия. Благодаря возможности гибкой настройки критерия, программа может быть использована как формальный объект экспериментального исследования и как инструмент системного анализа объекта.

Литература

1. Сизиков А.П. Программный продукт СМОННП (система оптимизации нефтеперерабатывающих и нефтехимических производств). Управление большими системами/ Сборник трудов. Выпуск 24: М.: ИПУ РАН, 2009

Егорова О.Г.
аспирант кафедры региональной экономики, государственного и муниципального управления Самарского государственного экономического университета. E-mail: egorova_og@mail.ru

МЕЖРЕГИОНАЛЬНЫЕ РАЗЛИЧИЯ ТРАНСФЕРА ИННОВАЦИЙ В РОССИЙСКОЙ ФЕДЕРАЦИИ

Трансфер инноваций осуществляют организации инновационной инфраструктуры. Именно инновационная инфраструктура материализует взаимодействие структурных объектов региональных инновационных систем (РИС) и служит трансферным механизмом в процессе этого взаимодействия, позволяя инновациям получать импульс для своего распространения и развития. [1, 236]

Цель развития инновационной инфраструктуры региона – создание функционирующей РИС, обеспечивающей воспроизводственный процесс на основе инноваций с положительной динамикой развития.[2, 48]

Национальный центр по мониторингу инновационной инфраструктуры научно-технической деятельности и региональных инновационных систем выделяет 6 основных групп субъектов инфраструктурной поддержки инновационной деятельности [3]:

- производственно-технологическая группа - предоставление субъектам инновационной деятельности производственных мощностей и ресурсов для создания и трансфера разработок и технологий;

- экспертно-консалтинговая группа - обеспечение информационной, консультационной и экспертной поддержки субъектов инновационной деятельности при внедрении созданных технологий в реальное производство, предоставление доступа к базам инновационных разработок;

- финансовая группа - обеспечение доступа субъектов инновационной деятельности к финансовым ресурсам;

- кадровая группа - подготовка специалистов инновационных специальностей, в том числе в сфере инновационного менеджмента;

- информационная группа - информационное сопровождение субъектов инновационной деятельности, обеспечение доступа к порталам, базам данных и информации в сфере инновационного развития;

- сбытовая группа - содействие продвижению инновационной продукции к потребителю, структуры «маркетинга инноваций», способствующие ускорению движения встречных потоков «спроса» и «предложения» в сфере инноваций.

Для целей выявления межрегиональных различий в уровне количественной обеспеченности и структуре профиля организаций инновационной инфраструктуры воспользуемся методикой группировки регионов на основе интегральной оценки показателей числа организаций первых пяти типов инновационной инфраструктуры регионов (сбытовая группа в расчете не использовалась). Из анализа были исключены регионы, в которых отсутствуют организации инновационной инфраструктуры, а также г. Москва как регион с максимальными значениями числа организаций в каждой из групп.

Исходные значения были нормализованы на основе среднего значения показателя по регионам:

$$P_{ij} = \frac{x_{ij}}{\bar{x}_i} \qquad (1);$$

где P_{ij} - частная нормализованная оценка для показателя i региона j;

x_{ij} - исходное значение показателя i региона j;

$\bar{x}_i$ - среднее значение показателя i.

Интегральная оценка для каждого региона рассчитывается как многомерная средняя взвешенная величина частных нормализованных оценок региона по каждой из групп инновационной инфраструктуры:

$$I_j = \sum_{i=1}^{5} P_{ij} \cdot a_i \qquad (2),$$

где P_{ij} - частная нормализованная оценка для показателя i региона j;

a_i - весовой коэффициент для показателя i.

Весовые коэффициенты ($a_1 - a_5$) для каждой из инфраструктурных групп взяты экспертным путем, исходя из их значимости для инновационного процесса:
- производственно-технологическая группа – 0,25;
- экспертно-консалтинговая группа – 0,15;
- информационная группа – 0,15;
- кадровая группа – 0,2;
- финансовая группа – 0,25.

Результаты интегральной оценки представлены в таблице 1.

Таблица 1

Группировка субъектов Российской Федерации по уровню количественной обеспеченности организациями инновационной инфраструктуры

Уровень количественной обеспеченности организациями инновационной инфраструктуры	Интервал интегральной оценки	Число регионов в группе	Состав группы
Ниже среднего	до 0,8	43	Республика Адыгея, Республика Калмыкия, Республика Тыва (Тува), Костромская область, Сахалинская область, Карачаево-Черкесская

			Республика, Чеченская Республика, Орловская область, Камчатский край, Псковская область, Ленинградская область, Курганская область, Республика Дагестан, Ставропольский край, Республика Северная Осетия-Алания, Оренбургская область, Липецкая область, Республика Коми, Забайкальский край, Кировская область, Республика Мордовия, Пермский край, Вологодская область, Амурская область, Рязанская область, Калининградская область, Республика Карелия, Республика Марий Эл, Республика Бурятия, Брянская область, Ивановская область, Курская область, Чувашская Республика, Новгородская область, Кемеровская область, Пензенская область, Омская область, Мурманская область, Удмуртская Республика, Калужская область, Владимирская область, Волгоградская область, Архангельская область
Средний	0,8 – 1,2	11	Астраханская область, Тамбовская область, Смоленская область, Ульяновская область, Иркутская область, Республика Саха (Якутия), Челябинская область, Кабардино-Балкарская Республика, Тверская область, Краснодарский край, Белгородская область
Выше среднего	1,2 – 2,5	14	Приморский край, Тульская область, Красноярский край, Ярославская область, Алтайский край, Самарская область, Республика Башкортостан, Хабаровский край, Саратовская область, Томская область, Тюменская область, Республика Татарстан, Ростовская область, Нижегородская область
Высокий	выше 2,5	5	Московская область, Воронежская область, Свердловская область, г. Санкт-Петербург, Новосибирская область

Таким образом, выделены 4 группы регионов России, имеющих одинаковый уровень количественной обеспеченности организациями инновационной инфраструктуры. Стоит отметить, что в 43 регионах России (более 50%) количественная обеспеченность такими организациями ниже, чем в среднем по России. Это свидетельствует о масштабной российской проблеме построения развитой сети трансфера технологий и разработок на мезоуровне.

Для решения указанной проблемы необходимы разработка и реализация комплекса мероприятий по развитию и совершенствованию сети инфраструктурных организаций в российских регионах, включающих:

- программу действий в рамках региональной инновационной политики по созданию разветвленной сети субъектов инновационной инфраструктуры промышленно-производственного, экспертно-консалтингового, финансового, кадрового, информационного и сбытового типов;

- оптимизацию функций элементов инновационной инфраструктуры;

- формирование интеграционных взаимосвязей между организациями инновационной инфраструктуры с целью с целью повышения эффективности их функционирования.

СПИСОК ЛИТЕРАТУРЫ

1. Егорова, М. В. Инновационная система региона: базовые модели анализа и направления развития [Текст] / М.В. Егорова // Вестник Казанского технологического университета. 2009. № 1. С. 233-238.

2. Строева, О.А. Развитие инновационной инфраструктуры региона [Текст] / О.А. Строева // ИнВестРегион. 2010. № 4. С. 48-53.

3. Официальный сайт Национального центра по мониторингу инновационной инфраструктуры научно-технической деятельности и региональных инновационных систем [Электронный ресурс]. Режим доступа: http://www.miiris.ru - Загл. с экрана.

Варанкина С.В.
студентка ВятГУ ФЭМ, г. Киров
ice-creamanka@mail.ru
Гринь С.В.
доцент кафедры экономики, учета и финансов ФЭМ ВятГУ

МАРКЕТИНГ КАК ФАКТОР ПОВЫШЕНИЯ КОНКУРЕНТОСПОСОБНОСТИ БАНКА

Современное развитие российской рыночной экономики постоянно усложняет требования, предъявляемые к банковской сфере. Создаются коммерческие банки, укрупняются уже имеющиеся и исчезают те, которые не выдерживают конкуренцию. Создаются и другие финансовые институты. С развитием коммерческих банков и расширением круга выполняемых ими операций весьма актуальной становится проблема внедрения маркетинга в банковское дело.

Создание реальной банковской системы в России привело к необходимости внедрения коммерческими банками современных приемов и способов маркетинга. На это ориентируют интернационализация и универсализация банковской деятельности, усиление конкуренции с иностранными банками, а также появление у банков конкурентов в лице небанковских учреждений: страховых, брокерских, различных фондов, торгово-промышленных и финансовых корпораций.

Поэтому вся деятельность банка должно опираться на глубокое и всестороннее изучение рынка, его реального потенциала и перспективы развития. В этом банку может помочь маркетинг.

«Банковский маркетинг – это поиск наиболее выгодных (существующих и будущих) рынков банковских продуктов с учетом реальных потребностей клиентуры» [2, 135].

Особенности маркетинга в банковской сфере обусловлены, прежде всего, спецификой банковской продукции. Специфика маркетинга в банковской сфере определятся тем, что банк работает в сфере услуг. По сути, банковский продукт — это комплекс услуг банка по активным и пассивным операциям. Банковским услугам, как и всем другим видам услуг, присущи специфические характеристики, которые должны быть учтены при разработке стратегии маркетинга: неосязаемость услуг, непостоянство качества услуг, и их несохраняемость.

Неосязаемость услуг означает, что их невозможно ощутить материально, увидеть и оценить до тех пор, пока клиент их не получит.

Поэтому ключевым словом в маркетинге услуг является польза, которую получит клиент, обратившись к услугам банка. Но чтобы реально оценить и представить в рекламе эту пользу, необходимо знать своих конкурентов, используемые ими методы рекламы и стимулирования. В качестве основных путей повышения осязаемости банковских услуг может быть акцентирование внимания на потенциальных выгодах взаимоотношений с клиентами и привлечение к рекламе солидных организаций.

Непостоянство качества и неотделимость услуг от квалификации людей предъявляют особые требования к обучению кадров. Работники банка должны знать не только технику банковского дела, но и психологию общения с людьми. Дополнительное качество оказываемых банком услуг создает окружающая обстановка (интерьер банка, офисная мебель и пр.)

Несохраняемость услуг означает, что должен быть особый механизм выравнивания спроса и предложения. Услуги нельзя хранить, как товары. Поэтому в периоды пикового спроса важно заранее планировать, что будет предпринимать банк для того, чтобы не было очередей: привлекать дополнительных работников из других отделов; стимулировать обращение в банк в другое время и т. д.

Наряду с перечисленными характеристиками, присущими всем видам услуг, банковский продукт имеет свои отличительные особенности. Во-первых, оказание банковских услуг связано с использованием денег в различных формах (наличные, безналичные деньги и расчеты). Во-вторых, нематериальные банковские услуги приобретают зримые черты посредством имущественных договорных отношений. В-третьих, большинство банковских услуг имеет протяженность во времени: сделка, как правило, не ограничивается однократным актом, устанавливаются более или менее продолжительные связи клиента с банком. Эти специфические свойства банковского продукта вызывают необходимость разъяснения содержания услуги клиенту, усиливают значение такого фактора, как доверие клиентов.

«При реализации банком своих продуктов и услуг важно осуществить дифференциацию потребителей и выявить среди них тех, кто может стать потенциальным потребителем его услуг. Для этого используется метод сегментации рынка, т.е. разделение неоднородного рынка на более мелкие однородные сегменты с тем, чтобы выделить группы клиентов с близкими либо идентичными интересами и потребностями».[1,199]

Философия маркетинга качественно меняет отношения банка и клиента. Если раньше банк предлагал вкладчикам и заемщикам стандартный набор банковских продуктов, то сегодня он должен разрабатывать новые виды услуг, которые специально адресованы конкретным группам клиентов - крупным корпоративным организациям, мелким предприятиям, отдельным категориям физических лиц и т.д. Данный метод успешно применяет в своей деятельности ОАО «Сбербанк России», предлагая, например, карту Сбербанк-Maestro «Социальная» для пенсионеров и молодежные кредитные и дебетовые карты.

Не стоит забывать и о таком стратегическом активе, как торговая марка. На данный момент лишь немногим банкам удалось создать сильные торговые марки. Это объясняется тем, что банки уделяют недостаточное внимание проблемам налаживания коммуникаций с общественностью. Однако ситуация постепенно меняется. Так, Британская исследовательская компания Millward Brown представила рейтинг 100 самых дорогих глобальных брендов 2013 года. [3] Россия в текущем рейтинге представлена брендами двух компаний. Один их них – Сбербанк России. В этом году «Сбербанк» стал самым дорогим российским брендом. Стоимость его бренда по сравнению с 2012 годом выросла на 19%, что позволило крупнейшему российскому банку подняться в рейтинге на 4 позиции. Следует отметить, что до 2008 года российских брендов в глобальном рейтинге 100 самых дорогих глобальных брендов не было.

Положительный имидж Сбербанка России формируется также благодаря участию в спонсорстве. С помощью данного маркетингового инструмента можно повысить доверие к банку. Безусловно, нужно отметить те сферы, где участие в спонсорстве будет наиболее эффективным: воспитание, образование, наука, спорт, культура и искусство. Участие в спонсорстве в долгосрочных мероприятиях характеризует банк как стабильный, надежный и основательный.

Таким образом, повысить конкурентоспособность банка можно с помощью правильно выбранной маркетинговой стратегии, высокого качества оказываемых услуг, действенной рекламы и установления хороших отношений с клиентурой.

Источники

1. Банковский менеджмент: учебник для студентов вузов, обучающихся по экономическим специальностям/ Е.Ф. Жуков. — 2-е изд., перераб. и доп. [Текст] — М. : Ю Н И Т И Д А Н А , 2008. — 255 с.
2. Маркетинг в отраслях и сферах деятельности: Учебник / Под ред. проф. Ю. В. Морозова, доц. В. Т. Гришиной. — 8-е изд. [Текст] — М.: Издательско-торговая корпорация «Дашков и К°», 2012. — 448 с
3. Millward Brown: Рейтинг 100 самых дорогих мировых брендов 2013 года. [Электронный ресурс] // Центр гуманитарных технологий. URL: http://gtmarket.ru/news/2013/05/22/5946

Луцевич А.В.
магистрант Академии Министерства внутренних дел Республики Беларусь, старший следователь Управления следственного комитета Республики Беларусь по Гродненской области

О НЕКОТОРЫХ ВОПРОСАХ КВАЛИФИКАЦИИ ДЕЯНИЙ, ПРЕДУСМАТРИВАЮЩИХ ОТВЕТСТВЕННОСТЬ ЗА РАСПРОСТРАНЕНИЕ ВРЕДОНОСНЫХ ПРОГРАММ

Конец прошлого – начало нынешнего века ознаменован существенными инновационными преобразованиями, которые связанны с кардинальным и качественным возрастанием роли информации в индивидуальной и общественной жизни человека. Масштабные изменения в сфере информационных технологий явились результатом развития электронно-вычислительной техники, что в свою очередь, существенным образом изменило нашу повседневную жизнь.

Развитие высоко технологичных продуктов позволило произвести в Республике Беларусь информационно-технологическое перевооружение многих предприятий, организаций и учреждений, насытить их современной компьютерной техникой и программным обеспечением.

Информационные продукты, созданные во благо для общества, облегчают жизнь одним и в то же время дают основания и мотивацию другим придумывать новые формы и виды злоупотреблений этими прогрессивными инновациями человечества.

Не смотря на относительно небольшую уголовно-правовую практику дел, связанных с компьютерными преступлениями, правоохранительные органы Беларуси в последнее время всё чаще и чаще стали сталкиваться с заявлениями граждан и фактами, касающиеся использования и распространения вредоносных программ.

Если в 2002 году правоохранительным органам по данному поводу было возбуждено 8 уголовных дел, то в 2006 – число таких преступлений увеличилось до 22, а в 2012 – до 28. За 9 месяцев текущего года уже возбуждено 95 уголовных дел [1].

Ответственность за разработку, использование либо распространение вредоносных программ впервые была введена в Республике Беларусь с принятием в 2001 г. Уголовного кодекса и предусмотрена ст. 354, которая помещена в главу, регламентирующую ответственность за преступления в сфере информационной безопасности.

Вредоносная программа (буквальный перевод англоязычного термина «Malware», «malicious» – злонамеренный и software – программное обеспечение) – злонамеренная программа, то есть программа, созданная со злым умыслом и (или) злыми намерениями.

Исходя из указанного под вредоносной программной (программным обеспечением – далее ПО) следует понимать программный продукт, заведомо созданный с целью нанесения того или иного вида ущерба конечному пользователю.

Существуют различные классификации вредоносного ПО, однако все они в принципе не имеют существенного различия. Так, согласно классификации лаборатории Касперского вредоносное ПО делится на четыре большие группы: сетевые черви, классические вирусы, троянские программы и прочие вредоносные программы. Они же в свою очередь разделяются на классы [2].

Все программные продукты, которые могут быть отнесены к разряду «вредоносных программ» могут быть основаны на различных технологиях и обладать абсолютно не схожим набором функций и, соответственно, различным набором функциональных возможностей. Вместе с тем, имеется и то, что объединяет все типы таких программ – это цели, с которыми они создаются.

Статья 354 УК трактует термин «вредоносные программы» следующим образом: «…компьютерные программы или внесение изменений в существующие программы с целью несанкционированного уничтожения, блокирования, модификации или копирования информации, хранящейся в компьютерной системе, сети или на машинных носителях».

Из всего указанного можно сделать вывод о том, что вредоносная программа – это любое программное средство, предназначенное для обеспечения получения несанкционированного доступа к информации, хранящейся в компьютерной системе, сети или на машинных носителях с целью причинения вреда (ущерба) владельцу информации который может выражаться в её уничтожении, блокировании, модификации и копировании.

Следует отметить, что в диспозиции этой же статьи УК законодателем в качестве отдельных, самостоятельных альтернативных действий объективной стороны указываются «разработка специальных вирусных программ, либо распространение носителей с такими программами».

На наш взгляд, данная формулировка является не совсем правильной и корректной, вызывает трудности в её применении у практических работников. Это убеждение основано на следующих умозаключениях.

Во-первых, вирус (специальная вирусная программа) – это разновидность (часть) вредоносных программ, выполняющих, как правило, две функции, являющихся одновременно их отличительной особенностью. Первая – это способность к самовоспроизведению (размножению). Вирусы не могут «размножаться» самостоятельно. Вирус заражает файлы, вставляя или добавляя свою копию в каждый файл определённого типа. Другая заключена в том, что функцией вируса является собственно вредоносное действие, которым может быть нарушение работы компьютера пользователя, например, путём удаления системных файлов.

Исходя из этого, представляется не совсем логичным выделять в качестве альтернативного действия объективной стороны в ст.354 разработку специальных вирусных программ, по сути являющихся разновидностью вредоносных программ.

Во-вторых, с учётом существующей формулировки диспозиции ст. 354 УК, при квалификации деяний, связанных с распространением вредоносного ПО, на практике возникают трудности. В большинстве случаев они заключаются в том, что лицо, распространяющее вредоносное ПО, можно привлечь к ответственности лишь тогда, когда распространение осуществляется с использованием только материальных носителей, что исключает возможность привлечения к уголовной ответственности в случае распространения такого ПО в локальной или глобальной компьютерной сети Интернет.

Как показывает практика, в настоящее время преступники, преследуя различные цели (в большей части корыстные), распространяют вредоносные программы удаленным способом, именно посредством компьютерных сетей, маскируя вредоносное ПО под какие-либо другие программы, вводя тем самым в заблуждение добропорядочных пользователей относительно качества и работоспособности программного продукта. В таких случаях привлечь их к ответственности за распространение вредоносного ПО не представляется возможным.

Кроме того, полагаем, что распространение таких программ через глобальную компьютерную сеть Интернет является повышенным источником общественной опасности и, соответственно, должно влечь повышенную меру уголовной ответственности.

С учетом изложенного, представляется правильным и целесообразным изменить положения ч.1 ст.354 УК, с учетом действующей аналогичной нормы УК РФ (ст.273) и изложить её в следующей редакции:

«Разработка, распространение или использование компьютерных программ с целью несанкционированного уничтожения, блокирования, модификации или копирования информации, хранящейся в компьютерной системе, сети или на машинных носителях или нейтрализации средств защиты компьютерной информации».

Кроме того, полагаем, что, исходя из степени общественной опасности, стоит рассмотреть вопрос о введении в действующую норму ст.354 УК отдельного квалифицированного состава за распространение вредоносного ПО с использованием локальной или глобальной компьютерной сети Интернет. Данное предложение исходит из того, что такой способ распространения вредоносных программ представляет собой большую угрозу и способен причинить и причиняет наибольший вред, нежели распространение носителей с такими программами.

Список литературы:

1. Сведения Единого государственного банка данных Республики Беларусь о правонарушениях по состоянию на 07.10.2013.
2. Е.Кучук. Классификация вредоносного ПО, [электронный ресурс] URL: http://www.winline.ru/soft/reviews/klassifikaciya_vredonosnogo_po.php (Дата обращения 05.10.2013).

www.ingramcontent.com/pod-product-compliance
Lightning Source LLC
Chambersburg PA
CBHW051643170526
45167CB00001B/311